面向 21 世纪课程教材
普通高等学校精品课程教材

Visual FoxPro 程序设计教程
上机指导与习题解答

主编　彭国星　陈芳勤
编委　（按姓氏拼音排名）
　　　李　欣　刘琼梅　唐黎黎　唐柳春
　　　童　启　王　亚　许赛华　易华容
　　　翟　霞　周　浩

国防工业出版社
·北京·

内 容 简 介

　　本书是与彭国星主编的《Visual FoxPro 程序设计教程》配套使用的辅助教材,是根据教育部非计算机专业计算机基础课程教学指导分委员会提出的"白皮书"中有关要求编写的,适用于一般院校的教学。

　　全书共分为 3 篇:实验篇,根据教学要求安排了内容丰富、实用的实验,以提高读者的操作技能和综合应用能力;习题篇,以不同类型的测试题的形式巩固所学知识点,提高读者综合应用能力;上机模拟和二级笔试真题篇,根据全国计算机等级水平考试要求提供了上机模拟题和二级笔试真题。每一部分都从培养学生的实际操作能力、掌握数据库基本知识角度出发进行编写,同时也将全国计算机等级水平考试和部分省份计算机等级水平考试内容进行了覆盖,以帮助学生通过本教材的学习顺利通过等级水平考试。

图书在版编目(CIP)数据

Visual FoxPro 程序设计教程上机指导与习题解答/彭
国星、陈芳勤主编. —北京:国防工业出版社,2011.1
面向 21 世纪课程教材
ISBN 978-7-118-07270-9

Ⅰ.①V... Ⅱ.①彭...②陈... Ⅲ.①关系数据库
－数据库管理系统,Visual FoxPro－程序设计－高等学校
－教学参考资料 Ⅳ.①TP311.138

中国版本图书馆 CIP 数据核字(2011)第 009839 号

※

国防工业出版社出版发行
(北京市海淀区紫竹院南路 23 号 邮政编码 100048)
腾飞印务有限公司印刷
新华书店经售

*

开本 787×1092 1/16 印张 12 字数 320 千字
2011 年 1 月第 1 版第 1 次印刷 印数 1—6000 册 定价 24.00 元

(本书如有印装错误,我社负责调换)

国防书店:(010)68428422 发行邮购:(010)68414474
发行传真:(010)68411535 发行业务:(010)68472764

前　　言

　　本书是与《Visual FoxPro 程序设计教程》配套使用的上机指导与测试教材,是根据教育部非计算机专业计算机基础课程教学指导分委员会提出的《关于进一步加强高校计算机基础教学的意见》精神中有关程序设计课程要求制定目标,能满足一般院校的教学需求。全书包括 3 个部分:实验篇、习题篇、上机模拟和二级笔试真题篇,书中数据库采用的是 Visual FoxPro 6.0(以下简称 VFP6.0)。

　　实验篇中共有 19 个实验。主要包括数据库基础、数据与数据运算、表与数据库的操作、结构化查询语言、查询与视图、程序设计、表单、报表与标签、工具栏及菜单栏设计实验。为了便于学生独立完成实验,在具体操作步骤中给出了一定的提示。

　　习题篇给出了 9 个单元的测试题,以单选题、多选题、填空题等多种形式出现,并附有参考答案。

　　上机模拟和二级笔试真题篇中参照全国计算机等级水平考试要求编写了 4 套上机模拟题和 6 套二级 VFP 考试笔试真题。

　　本书由彭国星、陈芳勤主编,李欣、刘琼梅、唐黎黎、唐柳春、童启、王亚、许赛华、易华容、翟霞、周浩共同编写。最后由陈芳勤统稿并加以修订。

　　由于编者水平有限,编写时间较紧,书中难免有错误和不妥之处,恳请读者谅解并批评指正。

编者

2010 年 10 月

目　录

实　验　篇

习 题 篇

上机模拟和二级笔试真题篇

实 验 篇

单元 1　Visual FoxPro 基础实验

实验一　Visual FoxPro 启动、退出与设置

【实验目的】

1. 掌握 Visual FoxPro 的启动/退出操作。
2. 了解 Visual FoxPro 的操作界面。
3. 了解 Visual FoxPro 的选项的设置。
4. 掌握命令窗口隐藏与打开的设置。
5. 掌握自定义工具栏的设置。

【实验准备】

1. 阅读教材的相关内容，了解 VFP 的发展历史。
2. 了解 VFP6.0 的新特点，学习一些 VFP 新术语。

【实验内容与步骤】

1. 启动和退出 Visual FoxPro

可用如下两种方式启动 Visual FoxPro：

（1）单击"开始"按钮，移动鼠标至"程序"命令菜单，在出现程序子命令菜单时将鼠标移动到 Microsoft Visual FoxPro 6.0 选项，单击左边标有狐狸头的 Microsoft Visual FoxPro 6.0 命令。启动 VFP6.0 后出现操作界面，如图 1.1 所示。

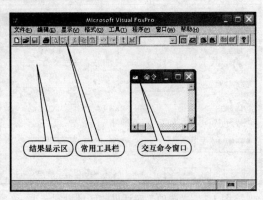

图 1.1　VFP6.0 工作界面

1

（2）双击桌面带有狐狸头的 Microsoft Visual FoxPro 6.0 图标，以快捷方式启动 Visual FoxPro。

可用如下方式退出 Visual FoxPro：

（1）单击 Visual FoxPro 标题栏最右边的关闭窗口按钮。

（2）从"文件"下拉菜单中选择"退出"选项。

（3）单击主窗口左上方的狐狸图标，从窗口下拉菜单中选择"关闭"。

（4）按 Alt+F4 键。

（5）在命令窗口中键入 QUIT 命令，单击 Enter 键。

2. 配置 Visual FoxPro 的运行环境

1）打开"选项"对话框

在 Visual FoxPro 系统中，选择"工具"菜单的"选项"命令，打开"选项"对话框，如图 1.2 所示。

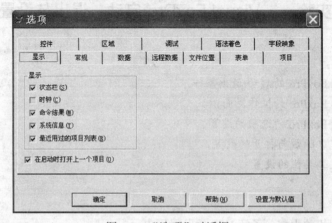

图 1.2 "选项"对话框

图 1.2 中有"显示"、"常规"、"数据"等 12 个选项卡，每个选项卡对 Visual FoxPro 的运行环境的不同参数进行设置。

在图 1.2"显示"选项卡中，可通过选定复选框对 Visual FoxPro 界面信息进行设置。

2）设置日期时间格式和货币符号

（1）在"选项"对话框中选择"区域"选项卡，如图 1.3 所示。

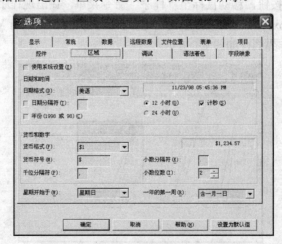

图 1.3 "选项"对话框的区域设置选项

2

（2）在"日期格式"列表框选择"汉语"，则日期就变为年月日的格式。

（3）在"货币符号"文本框输入"￥"符号（在中文输入方式下，按"Shift"＋"$"键），就显示为中国人民币符号。

3）设置"语法着色"选项

（1）在"选项"对话框中选择"语法着色"选项卡。

（2）在"区域"列表框选择"关键字"，在"字体"列表框选定"自动"，在"前景"列表框选定"蓝色"，在"背景"列表框选定"自动"。

（3）上述设置完成后，"选项"对话框显示如图 1.4 所示。

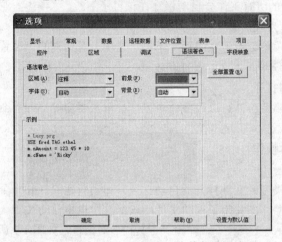

图 1.4　"选项"对话框的语法着色设置选项

4）"默认目录"设置

在 Visual FoxPro 中的所有设计工作，最后都是以文件的形式保存在硬盘上，这些文件保存在哪里，修改和复制时到哪里去找这些文件，对初学者来说也是个不小的难题。指定用户熟悉的目录为默认目录，用户会取得事半功倍之效。其操作步骤如下：

（1）在"选项"对话框选择"文件位置"选项卡。

（2）在"文件类型"页中选择"默认目录"，如图 1.5 所示，再按"修改"按钮，打开"更改文件位置"对话框，如图 1.6 所示。

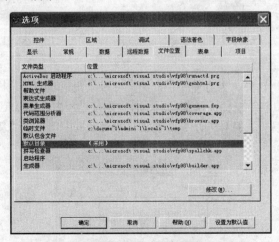

图 1.5　"文件位置"选项卡默认目录设置

图 1.6　"更改文件位置"对话框

（3）在"更改文件位置"对话框中，输入或找到用户事先建立的工作目录。回到图 1.5 中按下"确定"按钮，以后用户的所有工作会自动保存在该目录下。

5）将选定参数设置为默认值

在对需要设置的选项参数设定完成后，单击"选项"对话框的"设置为默认值"按钮，在以后启动 Visual FoxPro 系统时，本次的设置有效。

3. 命令窗口隐藏与打开

单击"窗口"→"隐藏"，可以隐藏命令窗口；单击"窗口"→"命令窗口"，可以打开命令窗口。

4. "工具栏"基本操作

1）隐藏"工具栏"

工具栏会随着某一类型的文件打开而自动打开。如当新建或打开一个视图文件时，将自动显示"视图设计器"工具栏，当关闭了视图文件后该工具栏也将自动关闭。要想随时打开或隐藏工具栏，可单击"显示"→"工具栏"，弹出"工具栏"对话框，如图 1.7 所示。单击选择或清除相应的工具栏复选框，再单击"确定"按钮，便可显示或隐藏工具栏。也可右击工具栏的空白处，打开快捷菜单，如图 1.8 所示。从中选择或关闭工具栏，或打开工具栏对话框。

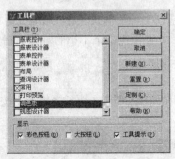

图 1.7　"工具栏"对话框　　　　　　　　　图 1.8　工具栏快捷菜单

2）定制工具栏

除系统提供的工具栏以外，为方便操作，用户可以改变现有的工具栏，或根据需要组建自己的工具栏，统称定制工具栏。例如，在开发学生管理系统过程中，可以把常用的工具组合在一起，建一个"学生管理"工具栏。具体方法是：在工具栏对话框中，单击"新建"按钮，打开"新工具栏"对话框，如图 1.9 所示。

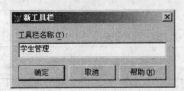

图 1.9　"新工具栏"对话框

键入工具栏名称，例如，"学生管理"，单击"确定"按钮，弹出"定制工具栏"对话框，如图 1.10 所示，在主窗口上同时出现一个空的"学生管理"工具栏。

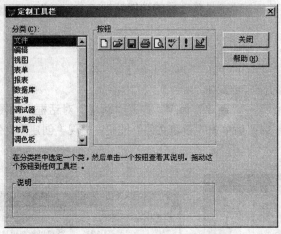

图 1.10　"定制工具栏"对话框

单击"定制工具栏"左侧"分类"列表框中的任何一类，右侧将显示该类中的所有按钮。再根据需要，选择自己需要的按钮，并将这些按钮拖放到"学生管理"工具栏上即可，如图 1.11 所示。最后单击"关闭"按钮。从而在工具栏中有了"学生管理"工具栏。

图 1.11　"学生管理"工具栏

3）修改现有工具栏

要修改现有的工具栏，需按以下几步操作：

（1）单击"显示"→"工具栏"，弹出"工具栏"对话框，如图 1.7 所示。

（2）单击"工具栏"→"定制"按钮，弹出"定制工具栏"对话框，如图 1.10 所示。

（3）向要修改的工具栏上拖放新的图标按钮可以增加新的工具按钮。

（4）从工具栏上用鼠标直接将按钮拖放到工具栏之外可以删除该工具按钮。

（5）修改完毕，单击"定制工具栏"对话框上的"关闭"按钮即可。

4）重置和删除工具栏

在"工具栏"对话框中，当选中系统定义的工具栏时，右侧有"重置"按钮，单击该按钮可以将用户定制过的工具栏恢复成系统默认的状态。

在"工具栏"对话框中，当选中用户创建的工具栏时，右侧出现"删除"按钮，单击该按钮并确认，则可以删除用户创建的工具栏。

实验二　使用项目管理器

【实验目的】

1. 学会快速建立 VFP 项目。

2. 熟练掌握项目管理器的基本操作。

【实验准备】

阅读教材的相关内容，了解项目管理器的功能特性。

【实验内容与步骤】

1. 创建项目

建立一个项目文件的操作步骤如下：

（1）执行菜单"文件"→"新建"命令，打开"新建"对话框，如图 1.12（a）所示。

（2）选中"项目"单选钮后单击"新建文件"按钮，出现"创建"文件对话框，如图 1.12（b）所示。

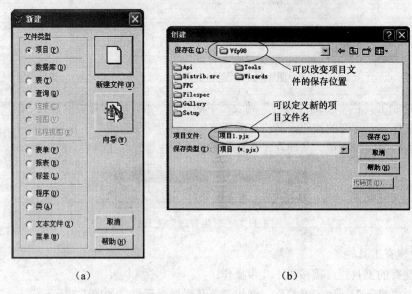

（a）   （b）

图 1.12　"新建"对话框和"创建"文件对话框

（3）系统默认项目文件名为"项目 1"，以后再建则序号改变，并依此类推，项目文件的扩展名为.pjx。

如果要修改项目文件名，则在"项目文件"后的文本框中输入新的项目文件名。新建的项目文件按指定的位置保存在文件夹中，如果要开发一个应用程序系统，最好先建一个文件夹，然后将项目文件保存在这个文件夹中，以后该项目的其他文件也可以保存在这个文件夹中，这样便于对应用程序中的文件进行管理。在文件名和保存位置确定后，单击"保存"按钮，系统创建一个项目文件，并会自动打开该项目文件的项目管理器。

建立项目文件也可以通过命令来完成，命令格式为

Create Project　[<项目文件名>]

如果省略项目文件名，则打开"创建"文件对话框。

2. 打开和关闭项目

在 Visual FoxPro 中可以随时打开一个已有的项目，也可以关闭一个打开的项目。用菜单方式打开项目的操作步骤如下：

（1）执行菜单"文件"|"打开"命令，打开"打开"对话框，如图 1.13 所示。通过单击工具条上的打开图标也可以打开"打开"对话框。

（2）在"打开"对话框中选择一个项目文件。如果文件类型不是默认的项目文件，可以在文件类型的下拉列表中选择项目文件，如图 1.13 所示。

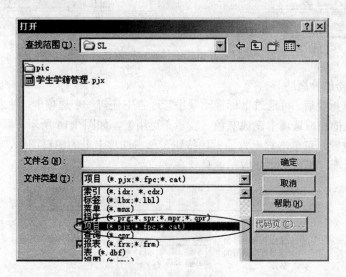

图 1.13　"打开"对话框

（3）双击要打开的项目，或者选择它，然后单击"确定"按钮，即打开所选项目。

打开项目文件也可以通过命令来完成，命令格式为

Modify Project　[<项目文件名>]

如果省略项目文件名，则打开"打开"文件对话框。

若要关闭一个项目，只需要单击项目管理器窗口右上角的关闭按钮或者执行菜单"文件"|"关闭"命令，即可关闭打开的项目管理器。

3. 项目管理器的折叠与分离

1）项目管理器的折叠

项目管理器右上角的"↑"按钮用于折叠或展开项目管理器窗口。该按钮正常时显示为"↑"，单击时，项目管理器窗口缩小为仅显示选项卡标签，同时该按钮变为"↓"，称为还原按钮。如图 1.14 所示。

图 1.14　压缩后的项目管理器

在折叠状态中，选择其中一个选项卡将显示一个较小窗口。小窗口不显示命令按钮，但是在选项卡中单击鼠标右键，弹出的快捷菜单增加了"项目"菜单中各命令按钮功能的选项。如果要恢复包括命令按钮的正常界面，单击"还原"按钮即可。

当双击项目管理器窗口的标题时，可使项目管理器窗口像工具条一样放置在屏幕的上方，如图 1.15 所示。这时单击任意一选项卡，系统会打开对应的选项卡窗口。若要恢复项目管理器窗口的原样，可以双击项目管理器工具条中除选项卡之外的任意空白区，或将鼠标放在项目管理器工具条中除选项卡之外的任意空白处，按住鼠标左键将项目管理器向下拖动即可。

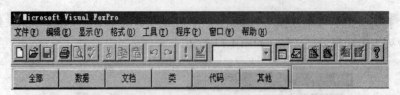

图 1.15 项目管理器像工具条一样放置在屏幕上方

2）项目管理器的分离

当项目管理器折叠后，可通过鼠标拖动项目管理器中任何一个选项卡，使之离开项目管理器，此时在项目管理上的相应选项卡变成灰色（表示不可用）。如图 1.16 所示。要恢复一个选项卡并将其放回原来的位置，可单击它上方的关闭按钮。单击选项卡上的图钉图标，该选项卡就会一直处于其他窗口的上面，再次单击将取消这种状态。

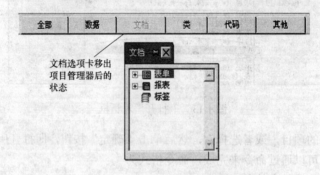

图 1.16 将选项卡移出项目管理器

单元2　数据及数据运算实验

【实验目的】

1. 掌握变量的赋值和显示。
2. 掌握常用函数的使用。
3. 掌握表达式的使用。

【实验准备】

认真阅读有关数据类型、变量、函数、表达式等内容的教材和资料，了解它们的基本涵义。

【实验内容与步骤】

1. 练习常用的6种类型常量

（1）学会数值型常量、字符型常量和逻辑型常量的使用方法，注意不同类型常量的输出格式。

在命令窗口依次输入如下语句。

? " 学生张三的基本信息如下："

?'性别','男'

?[学号：],[09303940101]

? " 党员否： ",.F.

? " 年龄 ",18

解析：字符型常量，简称 C 型常量，是由英文字母、数字、空格等所有 ASCII 字符、汉字组成的一串字符，常称为字符串，字符串长度指的是字符个数（一个汉字相当于两个字符），字符型常量必须放在定界符内，定界符包括：''、" " 和[ ]。数值型常量，简称 N 型常量，是由数字、小数点和正负号组成的各种整数、小数或实数。逻辑型常量，简称 L 型常量，用来表示某个条件成立与否，只有真和假两个值。逻辑真值可以是：.T.，.t.，.Y.，.y.；逻辑假值可以是：.F.，.f.，.N.，.n.。逻辑值前后的小圆点是不能缺少的。

（2）学会日期型常量的使用方法。

在命令窗口依次输入如下语句。

CLEAR

?' 张三的出生日期： ',{^1988-12-15}

SET STRICTDATE TO 0

?' 张三的出生日期',{12-15-88}

解析：日期型常量，简称 D 型常量，用来表示一个具体的日期。默认格式为{MM/DD/[YY]YY}，其中{}为定界符，年可以用两位或四位表示，分隔符可以是连字符"-"，斜杠"/"，句点"."或者空格。严格的日期格式为{^YYYY-MM-DD}或{^YYYY/MM/DD}，其中"^"表示该日期格式是严格的。SET STRICTDATE TO 1 表示设置严格的日期格式，此时只能输入严格日期格式，否则出错。SET STRICTDATE TO 0 表示设置非严格的日期格式，此时既可以使用严格的日

9

期格式，也可以使用默认格式来表示一个日期。日期时间型常量，简称 T 型常量用来表示一个具体的日期时间。严格的日期时间格式为{^YYYY-MM-DD,

[HH[:MM[:SS]][A|P]]}，其中 A 表示上午，P 表示下午。

2. 内存变量的赋值、显示、保存、清除和恢复

（1）掌握对内存变量赋值的两种方法，掌握变量的 3 个要素：变量名、数据类型和变量值，掌握显示内存变量的方法。

在命令窗口依次输入如下语句。

```
store "a" to a1
store 1+2 to a2,a3
b1=4
b2=.T.
? a1,a2,a3
?? b1,b2
```

（2）掌握对内存变量的保存、清除和恢复的方法，注意在删除和恢复内存变量后内存变量的变化。

在命令窗口依次输入如下语句。

```
save  to  BL1
save  to  BL2  all  like  a*
save  to  BL3  all  except  a*
```

解析：执行上述操作后，用户在磁盘上建立了三个内存变量文件：BL1、BL2 和 BL3，其中 BL1 的操作保存了内存中所有的内存变量（除系统的内存变量外）；BL2 保存了内存变量中变量名首个字符为 a 的所有内存变量，即变量 a1、a2 和 a3；BL3 中保存了除首个字符为 a 的所有内存变量以外的内存变量，也就是除 BL2 保存的变量以外的全部内存变量，即变量 b1 和 b2。

```
release  all  like  *1
release  all  except  *1
```

解析：执行前一条命令，删除变量名最后一个字符为 1 的所有内存变量，即变量 a1 和 b1；执行后一条命令时，删除除了变量名最后一个字符为 1 的所有其他内存变量，即 a2、a3 和 b2。

```
restore  from  BL2
clear
List memo like a*                         &&结果_____
clear
restore  from  BL3  additive              &&结果_____
```

解析：执行"restore from BL2"后，将磁盘中保留在 BL2 中的内存变量读回内存。执行"restore from BL3 additive"后，将磁盘中保留的 BL3 中的内存变量添加到当前内存变量之后。

命令 LIST | DISPLAY MEMORY [LIKE <通配符>]显示指定内存变量的变量名、作用范围、类型、变量值等信息，LIST 命令一次性不分屏显示指定的变量信息，DISPLAY 命令则分屏显示指定的变量信息，按任意键继续显示。LIST MEMORY 命令显示所有内存变量的信息，包括系统变量。LIST MEMORY LIKE *命令显示所有用户定义的内存变量的信息。

3. 数组

掌握数组的定义与赋值的方法。

在命令窗口依次输入如下语句。

```
DIMENSION a(10),b(3,4)
a=12                                 && a 数组所有元素赋值为 12
b(2,3)="Visual FoxPro"               && 元素 b(2,3)赋值为字符串 Visual FoxPro
store "09/12/04" to b(3,4)           && 元素 b(3,4)赋值为字符串 09/12/04
list momory like ????                && 显示所有定义的变量
&& 结果
```

4. 函数的使用

1）数值型函数

在命令窗口中输入下列命令并写出命令的执行结果。

```
A=123.4567
B=234.7896
```

命令	结果
? INT（A）	&&结果_____
? ABS（A−B）	&&结果_____
? SIGN（B−A）	&&结果_____
? RAND（ ）	&&结果_____
? ROUND（（A+B），3）	&&结果_____
? SQRT（B−A）	&&结果_____
? MOD（INT（B），5）	&&结果_____
? MOD（INT（B），−5）	&&结果_____

2）字符处理函数

在命令窗口中输入下列命令并写出命令的执行结果。

命令	结果
? SUBSTR（"ABCDEFGH",4,2）	&&结果_____
? SUBSTR（"数据库系统",7,4）	&&结果_____
? LEFT("abcdefgh",5)	&&结果_____
? RIGHT("abcdefgh",6)	&&结果_____
? LEN("数据库系统")	&&结果_____
? LEN(SUBSTR（"数据库系统",7,4))	&&结果_____
? ALLTRIM("数据库系统")	&&结果_____
? "AB"+SPACE(3)+ "CDEFGH"	&&结果_____
? UPPER("abCDefGH)	&&结果_____
? LOWER("abCDefGH")	&&结果_____

3）日期处理函数

在命令窗口中输入下列命令并写出命令的执行结果。

```
SET CENTURY ON
```
命令	结果
? DATE( )	&&结果_____

```
SET CENTURY OFF
```
命令	结果
? DATE( )	&&结果_____
? TIME( )	&&结果_____
? YEAR(DATE( ))	&&结果_____

```
SET DATE TO YMD
```
命令	结果
? DATE( )	&&结果_____

```
SET DATE TO MDY
? DATE( )                              &&结果_____
```

4）类型转换函数

在命令窗口中输入下列命令并写出命令的执行结果。

```
? CTOD("2009/12/05")                   &&结果_____
? "今天是："+DTOC(DATE( ) )             &&结果_____
n=-123.456
?str(n,9,2)                            &&结果_____
?str(n,6,2)                            &&结果_____
?str(n,3)                             &&结果_____
?str(n,6)                             &&结果_____
?str(n)                               &&结果_____
store '-123.' to x
store '45' to y
store 'a45' to z
?val(x+y),val(x+z),val(z+y)            &&结果_____
```

5. 表达式的使用

在命令窗口中输入下列命令并写出表达式的运行结果。

```
? 21/4                                 &&结果_____
? 21%4                                 &&结果_____
?5^3                                   &&结果_____
? "  湖南  "+"工业大学"                 &&结果_____
? "  湖南  "-"工业大学"                 &&结果_____
? DATE( )-{^2009/1/12}                 &&结果_____
? {^2009/1/12}+20                      &&结果_____
? CTOD("4/19/09")-10                   &&结果_____
? 25<=26                               &&结果_____
? "ab"<"AB"                            &&结果_____
? "陈">"李"                            &&结果_____
? "XYZ"="XY"                           &&结果_____
? "XYZ"=="XY"                          &&结果_____
? "XY"="XYZ"                           &&结果_____
SET EXACT ON                           &&结果_____
? "XYZ"="XY"                           &&结果_____
? "PUT"$"COMPUTER"                     &&结果_____
? "COMPUTER"$"PUT"                     &&结果_____
? NOT .F.                              &&结果_____
? "AB"<"AC" AND "陈">"李" OR "ABD"<"AB"+"G"
&&结果_____
? "PUT"$"COMPUTER" AND NOT .F.         &&结果_____
? SQRT(16/4)>6/2 AND CTOD("12/9/93")>CTOD("09/12/92")
```

&&结果_____

6. 名称表达式与宏替换命令的使用

在命令窗口中输入下列命令并写出表达式的运行结果。

A=" XYZ "

Y=150

X=" 156+15.2 "

?A   &&结果_____

?X   &&结果_____

? " &A "   &&结果_____

? " &X "   &&结果_____

? &A   &&结果_____

? &X   &&结果_____

? (A)   &&结果_____

? (X)   &&结果_____

XYZ={∧2009/12/05}

? &A   &&结果_____

?(A)   &&结果_____

CMD=" DIR "   &&结果_____

&CMD   &&结果_____

(MCD)   &&结果_____

单元 3 Visual FoxPro 数据库与表实验

实验一 数据库基本操作

【实验目的】

1. 掌握 Visual FoxPro 默认目录的设置方法。
2. 熟悉数据库设计的一般步骤。
3. 掌握数据库的创建、数据库设计器的使用和数据库操作的相关命令。

【实验准备】

1. 阅读教材的相关内容，掌握设计数据库的步骤。
2. 在 D 盘新建一个"VFP 实验"的文件夹。

【实验内容与步骤】

1. "默认目录"的设置

操作步骤如下：

（1）在 Visual FoxPro 系统中，选择"工具"菜单中的"选项"命令，打开"选项"对话框，如图 3.1 所示。

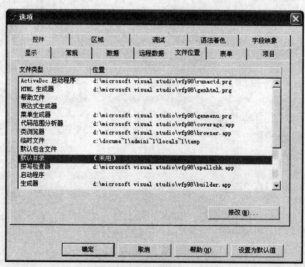

图 3.1 "选项"对话框

（2）在"选项"对话框中选择"文件位置"选项卡。

（3）在列表框中选定"默认目录"选项，单击"修改"按钮，打开"更改文件位置"对话框。

（4）在"更改文件位置"对话框中，选中"使用默认目录"复选框，在"定位默认目录"文本框中输入或单击□按钮浏览并选择"D:\VFP 实验"后，单击"确定"按钮即可完成设置。

2. 数据库的创建、数据库设计器的使用和数据库的操作命令

1）练习要求

（1）创建一个数据库文件 xjgl.dbc。

（2）向其中添加 4 个自由表：Student.dbf、Course.dbf、sc1.dbf 和 Score.dbf。

（3）使用命令完成下列操作：

① 关闭数据库 xjgl.dbc。

② 打开数据库 xjgl.dbc。

③ 修改数据 xjgl.dbc。

④ 从数据库 xjgl.dbc 中移去表 sc1.dbf。

⑤ 浏览数据库 xjgl.dbc 文件。

2）操作步骤

（1）创建数据库：选择"文件"菜单中的"新建"命令，打开"新建"对话框，选择"文件类型"为"数据库"，单击"新建文件"按钮，打开"创建"对话框，在"数据库名"文本框中输入 xjgl.dbc，单击"保存"按钮。此时就创建了数据库 xjgl.dbc，同时打开"数据库设计器"窗口。

上述操作也可以使用命令来创建 xjgl.dbc 数据库，命令是：_____

（2）添加自由表：在"数据库设计器"窗口中，单击快捷菜单中的"添加表"按钮，在"打开"对话框中选择 Student.dbf，单击"确定"按钮，表 Student.dbf 就添加到了"数据库设计器"窗口中。以同样的方法添加表 Course.dbf、sc1.dbf 和 Score.dbf。

上述操作使用命令是：_____

（3）操作命令如下：

```
CLOSE DATABASE
OPEN DATABASE xjgl
MODIFY DATABASE xjgl
REMOVE TABLE sc1
CLOSE DATABASE
USE xjgl.dbc
BROWSE
```

实验二　表的创建与编辑

【实验目的】

1. 通过实验掌握表的字段类型等属性。
2. 掌握表的创建方法。
3. 掌握表结构和记录的显示。
4. 掌握表的修改。
5. 掌握记录指针的定位命令。
6. 账务记录追加的命令。
7. 掌握记录删除与恢复的命令。

【实验准备】

在 D 盘新建一个"VFP 实验"的文件夹，并将该文件夹设置为默认目录。本次实验完成后，将 Visual FoxPro 程序关闭，将"VFP 实验"复制到 U 盘中，以便下次实验复制到 D 盘继续完成后面的实验。

【实验内容与步骤】

1. 表的创建

1）练习要求

（1）利用表设计器，按表 3.1 的要求建立学生表 Student.dbf 结构。

表 3.1　Student.dbf 结构

字段名	字段类型	字段宽度	小数位数	字段名	字段类型	字段宽度	小数位数
学号	字符型	11		政治面貌	字符型	8	
姓名	字符型	10		联系电话	字符型	12	
性别	字符型	2		简历	备注型	4	
所属班级	字符型	16		相片	通用型	4	
出生年月	日期型	8					

（2）将表 3.2 中的记录添加到 Student.dbf 中。

表 3.2　Student.dbf

学号	姓名	性别	所在班级	出生日期	政治面貌	联系电话	简历	相片
09303940101	张　三	男	电子商务1班	1988-2-14	共青团员	0742-4852687	Memo	Gen
09303940102	李　四	男	电子商务1班	1989-3-10	共青团员	0732-5623489	Memo	Gen
09303940103	王二五	男	电子商务1班	1989-2-20	预备党员	0733-2649854	Memo	Gen
09303940104	李　力	女	电子商务1班	1988-1-25	中共党员	0733-2749536	Memo	Gen
09303920101	肖红兰	女	建筑工程1班	1989-5-10	共青团员	0740-5894562	Memo	Gen
09303920102	刘　军	男	建筑工程1班	1989-6-15	预备党员	0728-2546892	Memo	Gen
09303920104	赵　强	男	建筑工程1班	1987-7-10	共青团员	0746-5698234	Memo	Gen
09303920105	许　云	女	建筑工程1班	1989-8-12	共青团员	0735-2354915	Memo	Gen

（3）按下列要求分别创建相关数据表：

① 按表 3.3 创建课程表结构 Course.dbf 并按表 3.4 添加记录。

② 按表 3.5 创建成绩表结构 Score.dbf 并按表 3.6 添加记录。

表 3.3　Course.dbf 结构

字段名	字段类型	字段宽度	小数位数	字段名	字段类型	字段宽度	小数位数
课程编号	字符型	5		课程类别	字符型	16	
课程名称	字符型	20		学分	数值型	1	0
开课学期	数值型	1	0	考试类型	字符型	10	

表 3.4　Course.dbf

课程编号	课程名称	开课学期	课程类型	学分	考试类型
11001	英语	1	公共基础课	4	考试
11002	高等数学	1	公共基础课	6	考试
11003	计算机	1	公共基础课	3	考查
12001	电子商务	2	专业基础课	4	考试
13001	工程制图 CAD	3	专业课	5	考试

表 3.5　Score.dbf 结构

字段名	字段类型	字段宽度	小数位数
学号	字符型	11	
课程编号	字符型	5	
成绩	数值型	5	1

表 3.6　Score.dbf

学号	课程编号	成绩	学号	课程编号	成绩
09303940101	11001	77.0	09303940102	11003	60.0
09303940102	11001	85.0	09303940101	12001	86.5
09303940103	11001	70.0	09303920101	13001	79.0
09303940104	11001	88.0	09303920102	13001	83.0
09303940102	11002	45.0	09303940102	12001	90.0
09303940103	11003	83.0			

2）操作步骤

（1）创建表结构。

① 打开 xjgl.dbc 数据库,选择"文件"菜单中的"新建"命令,打开"新建"对话框,如图 3.2 所示,在"新建"对话框中选中"表"单选按钮,单击"新建文件"按钮,弹出如图 3.3 所示的"创建"对话框。

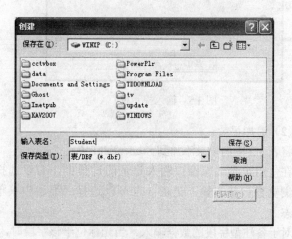

图 3.2　"新建"对话框　　　　　　　　图 3.3　"创建"对话框

17

② 在"创建"对话框中的"输入表名"文本框中输入表名 Student，单击"保存"按钮，弹出如图 3.4 所示的表设计器。

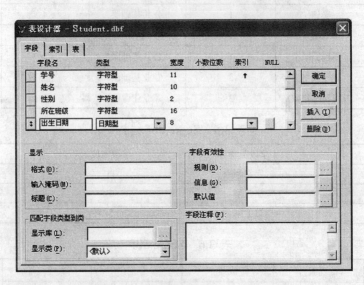

图 3.4　表设计器的"字段"选项卡

③ 按表 3.1 设置各字段的属性值。全部字段设置完成后如图 3.4 所示。当字段较多时，在设计器右侧会出现滚动条，拖动滚动条可以显示出所有字段的属性定义。

④ 字段属性值设置完成后，单击"确定"按钮即可出现如图 3.5 所示的提示框，询问"现在输入数据记录吗？"。单击"否"按钮则关闭表设计器，创建表结构结束。若单击"是"按钮，则弹出如图 3.6 所示的 Student 记录编辑窗口，用户可按表 3.2 输入 Student 的记录数据。

图 3.5　输入提示框

图 3.6　记录编辑窗口

（2）追加记录。

将表 3.2 中的记录添加到 Student.dbf 中。

在使用记录编辑窗口输入记录的过程中，可以选择"显示"菜单中的"浏览"命令，切换到浏览窗口状态输入记录；也可以选择"显示"菜单中的"追加方式"命令，进入追加记录状态。

对于备注型字段的数据输入，当光标位于该字段时，双击鼠标左键或按下"Ctrl+PgDn"组合键进入编辑器，各记录的简历内容自取，输入数据后关闭编辑器，此时 memo 变为 Memo。

对于通用性字段的数据输入，当光标位于该字段时，双击鼠标左键或按下"Ctrl+PgDn"组合键进入编辑器，此时可选择"编辑"菜单中"插入对象"命令，插入图形、电子表格或声音等多媒体数据文件，或使用"复制"、"粘贴"操作将图片等对象添加进去，完成后关闭编辑器，此时 gen 变为 Gen。

（3）分别创建 Course.dbf 结构（表 3.3 和表 3.4）和 Score.dbf 结构（表 3.5 和表 3.6），创建步骤参照 Student 的创建。

2. 表结构和记录的显示

1）练习要求

（1）显示 Student 表结构。

（2）按下列要求完成 Student 记录的显示：

① 显示所有记录。

② 显示所有学生的学号、姓名、性别、所在班级和年龄。

③ 显示所有"李"姓学生记录信息。

④ 显示 1989 年之前出生的男团员的记录。

2）操作步骤

（1）在命令窗口中输入如下命令：

```
USE Student
LIST STRUCTURE          &&显示表结构
```

（2）在命令窗口中输入如下命令：

```
LIST                    &&显示所有记录
LIST FIELDS 学号,姓名,性别,所在班级,YEAR(DATE())-YEAR(出生日期)
LIST FOR LEFT(姓名,2)="李"
LIST FOR YEAR(出生日期)<1989 .AND. 性别="男" .AND. 政治面貌="共青团员"
```

3. 表结构和记录的修改

1）练习要求

（1）利用表设计器修改 Student 表结构。

（2）完成下列相关修改操作：

① 使用 EDIT 命令将 Student 中 2 号记录"李四"所在班级改为"电子商务 2 班"。

② 使用 BROWSE 命令将 Student 中 2 号记录"李四"的政治面貌改为"预备党员"。

③ 使用 REPLACE 命令再将 Student 中 2 号记录"李四"所在班级改回"电子商务 1 班"，政治面貌改回"共青团员"。

2）操作步骤

（1）在命令窗口中输入如下命令。

```
USE Student
MODIFY STRUCTURE        &&进入表设计器，按表 3.1 检查核对各字段，如有错误则修改
```

（2）在命令窗口中输入如下命令。

① 使用 EDIT 命令修改：

```
USE Student
EDIT                    &&在编辑窗口中定位到 2 号记录，将所在班级改为"电子商务 2 班"
USE
```

② 使用 BROWSE 命令修改：

```
USE Student
BROWSE              && 在浏览窗口中定位到 2 号记录，将政治面貌改为"预备党员"
USE
```
③ 使用 REPLACE 命令修改：
```
USE Student
GO 2
REPLACE 所在班级 WITH "电子商务 1 班",政治面貌 WITH "共青团员" RECORD(6)
              && 将 2 号记录所在班级改回"电子商务 1 班"，将政治面貌改回"共青团员"
USE
```

4. 记录指针的定位

1）练习要求

按操作步骤完成记录指针的绝对定位 GO 命令和相对定位 SKIP 命令的使用，其中 RECNO() 函数返回当前记录号，BOF() 函数判断记录指针是否指向了文件的开始处，EOF() 函数判断记录指针是否指向文件的结束处，请将命令完成的情况填写到下面的横线上。

2）操作步骤
```
USE Student
?RECNO(),BOF()          && 结果_____
GO BOTTOM
?RECNO(),EOF()          && 结果_____
SKIP
?RECNO(),EOF()          && 结果_____
GO 6
?RECNO(),EOF()          && 结果_____
GO TOP
?RECNO(),BOF()          && 结果_____
SKIP -1
?RECNO(),BOF()          && 结果_____
```

5. 记录的追加

1）练习要求

在 Student 最后追加如下一条新记录：

09303940105	张磊	男	电子商务 1 班	1986-2-12	预备党员	0733-2670114	memo	gen

2）操作步骤

在命令窗口中输入如下命令：
```
USE Student
APPEND
```
在编辑窗口中输入新记录。

如果使用的是 BROWSE 命令，请写出完成新记录追加的操作：_____

如果是使用 INSERT 命令，请写出完成新记录追加的命令：_____

6. 记录的删除与恢复

1）练习要求

将 3 号至 7 号记录做删除标记，恢复 3 号至 6 号记录，最后彻底删除 7 号记录。

2）操作步骤

在命令窗口中输入如下命令：

```
USE Student
GO 3
DELETE NEXT 5            &&给 3 号至 7 号记录做删除标记
LIST
GO 3
RECALL NEXT 4           &&恢复 3 号至 6 号记录，去除其删除标记
LIST
PACK                    &&彻底删除做了删除标记的记录
LIST
```

如果使用的是 BROWSE 命令，请写出完成上述要求的操作：_____

实验三 排序与索引

【实验目的】

1. 掌握排序命令。
2. 掌握建立索引的操作。

【实验准备】

将"VFP 实验"文件夹复制到 D 盘，并将该文件夹设置为默认目录。

【实验内容与步骤】

1. SORT 排序命令的使用

1）练习要求

（1）在表文件 Student.dbf 中对政治面貌为"共青团员"的学生按出生日期进行升序排序记录，生成的排序表文件为 PX1.DBF，只包含学号、姓名、性别、出生日期和政治面貌 5 个字段。

（2）在表文件 Student.dbf 中对所有学生按性别进行升序排序，当性别相同时按姓名降序排序，生成排序表文件为 PX2.DBF。

2）操作步骤

（1）在命令窗口中输入如下命令：

USE Student

SORT TO PX1 ON 出生日期 FOR 政治面貌=" 共青团员 " FIELDS 学号,姓名,性别,出生日期,政治面貌

USE PX1

LIST

USE

（2）在命令窗口中输入如下命令：

USE Student

```
SORT TO PX2 ON  性别,姓名  /D
USE PX2
LIST
USE
```

2. 表的索引操作

1）练习要求

（1）利用 INDEX 索引命令，为表 Student.dbf 按下列要求建立索引：

① 按学号升序建立单索引文件 xh.idx，按姓名升序建立单索引文件 xm.idx。

② 按出生日期升序（索引标识为 csrq，类型为普通索引），建立结构复合索引。

③ 按性别降序，性别相同的按出生日期降序（索引标识为 xbcs，类型为唯一索引），建立结构复合索引。

（2）利用表设计器，对 Student.dbf 按下列要求建立结构复合索引：

① 按出生日期降序（索引标识为 csrq，类型为候选索引）排列。

② 按政治面貌降序，政治面貌相同时按出生日期降序（索引标识 zmxm，类型为普通索引）排列。

2）操作步骤

（1）在命令窗口中输入如下命令：

① USE Student
```
INDEX ON  学号  to xh
LIST
INDEX ON  姓名  TO xm
LIST
USE
DIR *.IDX
```

② USE Student
```
INDEX ON  出生日期  TAG csrq
LIST
USE
```

③ USE Student
```
INDEX ON  性别+DTOC(出生日期) DESC TAG xbcs UNIQUE
LIST
USE
```

（2）使用表设计器的操作步骤如下。

① 打开表设计器：选择"文件"菜单中的"打开"命令，在"打开"对话框中选择表 Student.dbf，单击"确定"按钮，选择"显示"菜单中的"表设计器"命令，打开"表设计器"对话框，选择"索引"选项卡。

② 在"索引名"下面的文本框中输入 csrq，单击该行"类型"下拉列表框，选择"候选索引"选项；单击该行"表达式"列的文本框，输入出生日期；单击该行左边的"排序"列按钮，使其为降序标识"↓"。

③ 在"索引名"下面的文本框中输入 zmxm；单击该行"表达式"列右侧的对话框按钮，弹出"表达式生成器"对话框，利用"字段"列表框、"函数"等功能，在"表达式"文本框输入

表达式：政治面貌+DTOC(出生日期)；单击"确定"按钮，返回"表设计器"对话框，单击该行左边的"排序"列按钮，使其为降序标识"↓"。

实验四　多表操作与表文件的复制

【实验目的】

1. 掌握表间临时关系的建立和多表操作。
2. 掌握表文件复制的方法。

【实验准备】

将"VFP实验"文件夹复制到 D 盘，并将该文件夹设置为默认目录。

【实验内容与步骤】

1. 表间临时关系的建立和多表操作

1）练习要求

（1）查询成绩超过 85 分（含 85 分）的学生的学号、姓名、性别、所在班级和出生日期。

（2）查询 1985 年以后出生的学生的学号、姓名、性别、出生日期、课程名称和成绩。

2）操作步骤

在命令窗口中输入如下命令：

① SELECT 1

　USE Student

　SELECT 2

　USE Score

　LOCATE FOR　成绩>=85

　SELECT 1

　LIST FIELDS　学号,姓名,性别,所在班级,出生日期 FOR　学号=Score.学号

　CLOSE ALL

② SELECT 1

　USE Score

　SELECT 2

　USE Course

　INDEX ON　课程编号　TAG BH

　SELECT 3

　USE Student

　INDEX ON　学号　TAG XH

　SELECT 1

　SET RELATION TO　学号　INTO Student,课程编号　INTO Course

　BROWSE FIELDS Student.学号, Student.姓名,Student.性别,Student.出生日期, Course.课程名称，成绩 FOR YEAR(Student.出生日期)>1985

　CLOSE ALL

2. 表文件的复制

1）练习要求

按照下列要求对 Student 表文件进行相应的复制操作：

（1）将 Student 表复制为 stu1 表。

（2）将 Student 表中政治面貌为"共青团员"的学生记录的学号、姓名、性别和所在班级字段复制为 stu2 表。

（3）将 Student 表的结构复制为 stu3 表。

（4）将 Student 表的结构中的学号、姓名、性别和出生日期字段复制为 stu4 表。

2）操作步骤

（1）在命令窗口中输入如下命令：

```
USE Student
COPY TO stu1
USE stu1
LIST
```

（2）在命令窗口中输入如下命令：

```
USE Student
COPY TO stu2 FIELDS 学号,姓名,性别,所在班级 FOR ALLTRIM(政治面貌)="共青团员"
USE stu2
LIST
```

（3）在命令窗口中输入如下命令：

```
USE Student
COPY STRUCTURE TO stu3
USE stu3
LIST STRUCTURE
```

（4）在命令窗口中输入如下命令：

```
USE Student
COPY STRUCTURE TO stu4 FIELDS 学号,姓名,性别,出生日期
USE stu4
LIST STRUCTURE
```

单元 4　结构化查询语言 SQL 实验

实验一　创建数据库和表

【实验目的】

1. 掌握 SQL 创建数据库的方法。
2. 掌握 SQL 创建数据表的方法。
3. 掌握数据表的操作方法。

【实验准备】

创建或向任课老师索要结构和记录内容如表 4.1 所列的数据表 stu.dbf, 如自己创建, 请使用数据表文件名 stu, 使用 SQL 命令来完成该数据表的创建。

表 4.1　stu.dbf

学号	姓名	性别	所在班级	出生日期	平均成绩
09303940101	张三	男	电商 1 班	1988/01/14	85.4
09303940102	李四	男	电商 1 班	1989/03/10	76.3
09303940103	王二五	男	电商 1 班	1989/02/20	94.7
09303940104	李力	女	电商 1 班	1988/01/25	81.7
09303920101	肖红兰	女	建工 1 班	1989/05/10	76.9
09303920102	刘军	男	建工 1 班	1989/06/15	62.2
09303920104	赵强	男	建工 1 班	1987/07/10	77.5
09303920105	许云	女	建工 1 班	1989/08/12	69.1

【实验内容与步骤】

1. 使用 SQL 命令完成以下功能

（1）新建一个学生管理数据库 StuM.dbc。

（2）在数据库中建立学生表 stu.dbf, 其结构和记录如下:

　　Stu(学号 C(11),姓名 C(10),性别 C(2),所在班级 C(16),出生日期 D,平均成绩 N(4,1))

（3）向表添加如表 stu.dbf 中记录内容。

（4）为表 stu.dbf 增加一个 "政治面貌" 字段, 类型为字符型型, 宽度为 10。

（5）计算表 stu.dbf 中所有学生 "平均成绩" 字段加 2 分的值:平均成绩=平均成绩+2。

25

2. 操作命令

（1）CREATE DATABASE StuM

（2）CREATE TABLE stu(学号 C(11),姓名 C(10),性别 C(2),所在班级 C(16),出生日期 D,平均成绩 N(4,1))

（3）INSERT INTO STU VALUE("09303940101","张三","男","电商 1 班",{^1988/01/14}, 85.4)

INSERT INTO STU VALUE("09303940102",李四","男","电商 1 班",{^1989/03/10}, 76.3)

INSERT INTO STU VALUE("09303940103","王二五","男","电商 1 班",{^1989/02/20}, 94.7)

INSERT INTO STU VALUE("09303940104","李力","女","电商 1 班",{^1988/01/25}, 81.7)

INSERT INTO STU VALUE("09303920101","肖红兰","女","建工 1 班",{^1989/05/10}, 76.9)

INSERT INTO STU VALUE("09303920102","刘军","男","建工 1 班",{^1989/06/15}, 62.2)

INSERT INTO STU VALUE("09303920104","赵强","男","建工 1 班",{^1987/07/10}, 77.5)

INSERT INTO STU VALUE("09303920105","许云","女","建工 1 班",{^1989/08/12}, 69.1)

（4）ALTER TABLE stu ADD 政治面貌 C(10)

（5）UPDATE stu SET 平均成绩=平均成绩+2

实验二　查询数据库

【实验目的】

1. 掌握 SELECT 语句的基本语法。
2. 掌握 SELECT 语句的 ORDER BY、GROUP BY、INTO 等子句的作用和使用方法。
3. 掌握汇总的方法。
4. 掌握嵌套查询、多表联合查询和联合查询的表示。

【实验准备】

增加课程表（Course.dbf）和学生选课表（Scourse.dbf），表结构为：Course（课程号 C(4)，课程名 C(30)）；Scourse(课程号 C(4),学号 C(11))。如表 4.2、表 4.3 所列。

表 4.2　Cousre.dbf

课程号	课程名	课程号	课程名
1001	计算机导论	2002	DELPHI 程序设计
1002	高级语言程序设计	3001	操作系统
2001	SQL Server2000		

表 4.3　Scousre.dbf

课程号	学号	课程号	学号
1001	09303940101	1001	09303940103
1002	09303940101	2002	09303940103
2001	09303940102	2002	09303940104
2002	09303940102	1001	09303920101
3001	09303940103	3001	09303920102

【实验内容与步骤】

1. 根据实验一创建数据库和表中步骤，添加课程表（Course.dbf）和学生选课表（Scourse.dbf），并插入记录。

2. 完成以下查询操作

（1）查询所有学生的详细信息，并按学号降序排序。

Select * from stu order by 学号 desc

注意 ORDER BY 和"*"的使用。如果本题按照姓名字段的升序排序，程序又如何？

（2）查询所有学生的姓名、出生日期、年龄、选修课程。

Select stu.姓名, stu.出生日期,year(date())-year(stu.出生日期) as 年龄, Course.课程名 as 选修课程 From stu,course,scourse where stu.学号=scourse.学号 and scourse.课程号=course.课程号

注意列别名和多表联接查询的使用。如果本题查询的是选修课程编号而不是名称，程序该如何改动？

（3）查询选修了课程编号为"2002"的学生人数。

Select count(*) as 学生人数 from stu,scourse where stu.学号=scourse.学号 and scourse.课程号 ='2002'

（4）查询所有年龄大于 20 岁的男学生信息。

Select * from stu where (year(date())-year(出生日期))>20 and sex=" 男 "

函数 DATE()可以获得当前的日期和时间，使用 YEAR(DATE ())。

（5）根据 StuM 数据库的三个表 Stu、Course、Scourse，使用 SQL 语句完成以下查询：

① 查询所有男学生的姓名、出生年月、年龄。

② 查询所有女学生详细信息和女学生的总人数。

③ 查询 DELPHI 程序设计课程的总成绩、平均成绩、及格学生人数和不及格学生人数。

④ 查询所有姓李的男学生的选修课程和成绩。

⑤ 查询所有不及格学生的姓名、不及格的课程与成绩。

⑥ 按男同学进行分组查询。

单元5 查询与视图实验

实验一 查询的创建和使用

【实验目的】

1. 掌握查询的概念、基本特点和作用。
2. 掌握利用设计器和向导创建查询。
3. 掌握"字段"、"筛选"、"排序"标签的使用,掌握查询分组和杂项的设置。
4. 掌握查询去向的管理。

【实验准备】

1. 建立学籍管理数据库,该数据库包括 Course.dbf 表、Score.dbf 表和 Student.dbf 表。
2. 具体数据如图 5.1、图 5.2、图 5.3 所示。

课程编号	课程名称	开课学期	课程类型	学分	考试类型
11001	英语	1	公共基础课	4	考试
11002	高等数学	1	公共基础课	6	考试
11003	计算机	1	公共基础课	3	考查
12001	电子商务	2	专业基础课	4	考试
13001	工程制图CAD	3	专业课	5	考试

图 5.1 Course.dbf 表

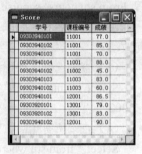

学号	课程编号	成绩
09303940101	11001	77.0
09303940102	11001	85.0
09303940103	11001	70.0
09303940104	11001	88.0
09303940102	11002	45.0
09303940103	11003	83.0
09303940103	11003	60.0
09303940101	12001	86.5
09303920101	13001	79.0
09303920102	13001	83.0
09303940102	12001	90.0

图 5.2 Score.dbf 表

学号	姓名	性别	所在班级	出生日期	政治面貌	联系电话	简历	相片
09303940101	张三	男	电子商务1班	02/14/88	共青团员	0742-4852687	Memo	Gen
09303940102	李四	男	电子商务1班	03/10/89	共青团员	0732-5623489	Memo	Gen
09303940103	王二五	男	电子商务1班	02/20/89	预备党员	0733-2649854	Memo	Gen
09303940104	李力	女	电子商务1班	01/25/88	中共党员	0733-2749536	Memo	Gen
09303920101	肖红兰	女	建筑工程1班	05/10/89	共青团员	0740-5894562	Memo	Gen
09303920102	刘军	男	建筑工程1班	06/15/89	预备党员	0728-2546892	Memo	Gen
09303920104	赵强	男	建筑工程1班	07/10/87	共青团员	0746-5698234	Memo	Gen
09303920105	许云	女	建筑工程1班	08/12/89	共青团员	0735-2354915	Memo	Gen

图 5.3 Student.dbf 表

【实验内容与步骤】

1. 为数据表 Student.dbf 建立一个查询文件 STUDENT.QPR,按照性别分组,并求小组人数,查询结果按照小组人数降序显示。

28

步骤【提示】

（1）单击"文件"菜单中的"新建"菜单项，在弹出的窗口中选择文件类别为"查询"。

（2）单击"新建文件"按钮，打开了"查询设计器"窗口。

（3）在弹出的"打开"对话框，找到要查询的表文件 Student，单击"确定"按钮。

（4）选择"字段"选项卡，根据要求选择要显示的字段，单击"添加"，选定的字段出现在"选定字段"栏中。

（5）在"函数和表达式"栏中，输入分组计算表达式 Count(*)，单击"添加"按钮。

（6）选择"分组依据"选项卡，选择"性别"字段，单击"添加"按钮。

（7）选择"排序依据"选项卡，选择"Count(*)"为排序字段，单击"添加"按钮，选择排序选项为"降序"。

（8）保存查询文件。单击"文件"菜单中的"保存"菜单项，输入查询文件名称为 STUDENT. QPR，单击"确定"按钮。

（9）执行查询：在命令窗口中输入 DO STUDENT.QPR 后回车，可以在浏览窗口的看到查询的结果。

（10）设置查询的去向是一个表文件 B1.DBF。回到设计器状态，单击"查询"菜单中的"查询去向"菜单项，在弹出的对话框中选择去向为"表"，在"表名"后面的文本框中输入表名为"B1"，单击"确定"按钮。

（11）执行查询：在命令窗口中输入 DO STUDENT.QPR 后回车，就会在当前工作目录下生成表文件 B1.DBF，里面存放查询的结果记录。

2．为 Student.dbf 表和 Score.dbf 表建立一个查询文件 SS.QPR，即查询学号为 09303940104 的学生的姓名、性别、出生日期、所在班级、政治面貌及该学生所上的课程编号、成绩。查询结果存入表 B2。

步骤【提示】

（1）单击"文件"菜单中的"新建"菜单项，在弹出的窗口中选择文件类别为"查询"。

（2）单击"新建文件"按钮，打开了"查询设计器"窗口。

（3）右键单击"查询设计器"窗口，选择"添加表"菜单项，在数据环境中添加表文件 Student.dbf 表和 Score.dbf 表。

（4）选择"联接"选项卡，选择类型为"内部联接"，并按照公共字段"学号"相等来建立连接。

（5）其他操作与前面的例子相同，此处略。

3．查询 Student 表中非党员学生中高等数学成绩不及格的学生的学号、姓名、性别字段，按学号的降序排列，查询结果存入表 B3。查询文件存为 A1.QPR，并运行此查询，查看结果。步骤略。

实验二　视图的创建和使用

【实验目的】

1. 掌握视图的概念、基本特点和作用。
2. 掌握利用设计器和向导创建及应用本地视图。
3. 掌握利用视图更改数据表的方法。

【实验准备】

1. 建立学籍管理数据库，该数据库包括 Course.dbf 表、Score.dbf 表和 Student.dbf 表。
2. 具体数据如图 5.4、图 5.5、图 5.6 所示。

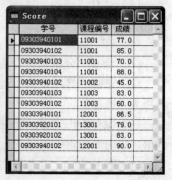

课程编号	课程名称	开课学期	课程类型	学分	考试类型
11001	英语	1	公共基础课	4	考试
11002	高等数学	1	公共基础课	6	考试
11003	计算机	1	公共基础课	3	考查
12001	电子商务	2	专业基础课	4	考试
13001	工程制图CAD	3	专业课	5	考试

图 5.4　Course.dbf 表

字号	课程编号	成绩
09303940101	11001	77.0
09303940102	11001	85.0
09303940103	11001	70.0
09303940104	11001	88.0
09303940102	11002	45.0
09303940103	11003	83.0
09303940102	11003	60.0
09303940101	12001	86.5
09303920101	13001	79.0
09303920102	13001	83.0
09303940102	12001	90.0

图 5.5　Score.dbf 表

学号	姓名	性别	所在班级	出生日期	政治面貌	联系电话	简历	相片
09303940101	张三	男	电子商务1班	02/14/88	共青团员	0742-4852687	Memo	Gen
09303940102	李四	男	电子商务1班	03/10/89	共青团员	0732-5623489	Memo	Gen
09303940103	王二五	男	电子商务1班	02/20/89	预备党员	0733-2649854	Memo	Gen
09303940104	李力	女	电子商务1班	01/25/88	中共党员	0733-2749536	Memo	Gen
09303920101	肖红兰	女	建筑工程1班	05/10/89	共青团员	0740-5894562	Memo	Gen
09303920102	刘军	男	建筑工程1班	06/15/89	预备党员	0728-2546892	Memo	Gen
09303920104	赵强	男	建筑工程1班	07/10/87	共青团员	0746-5698234	Memo	Gen
09303920105	许云	女	建筑工程1班	08/12/89	共青团员	0735-2354915	Memo	Gen

图 5.6　Student.dbf 表

【实验内容与步骤】

1. 在 Student 表中查询"电子商务 1 班"学生信息（Student 表全部字段），按学号升序存入新表 S1。用视图设计器在数据库表中建立视图 Z1，视图中包括 Student 表全部字段（字段顺序和 Student 表一样）和全部记录，记录按学号降序排序。

【提示】必须先打开数据库才可以建立视图，视图的建立方法与查询完全相同。

2. 用视图设计器创建只包括男同学的所有课程成绩，字段有学号、姓名、课程号、成绩。并按照学号和课程号排序，保存为 S2。（思考：应该用哪两个表？用什么字段联接？）

"提示"需要用 Student.dbf 表和 Score.dbf 表。

3. 用视图设计器创建计算机成绩在 80 分以上的同学的学号、姓名、所在班级字段的视图，并按成绩从高到低排列。将计算机成绩设置为可更新字段。保存为 S3 后打开视图，显示记录并把某个同学的成绩更改分数。关闭视图，选择 Score.dbf 表，看是否能够把修改结果传递回表中。

【提示】需要用 Course.dbf 表、Score.dbf 表和 Student.dbf 表。

单元 6 面向过程程序设计实验

实验一 面向过程程序设计（一）

【实验目的】

1. 了解面向过程程序设计的基本概念。
2. 掌握顺序程序设计的编写、调试与运行。
3. 掌握简单分支和选择分支程序设计的编写、调试与运行。

【实验准备】

创建或向任课老师索要结构和记录内容如表 6.1 所列的数据表，如自己创建，请使用数据表文件名 Student，可用表设计器或 SQL 命令来完成该数据表的创建。

表 6.1　学生信息表

学号 C(11)	姓名 C(10)	性别 C(2)	所在班级 C(16)	出生日期 D	政治面貌 C(8)	联系电话 C(12)	简历 M	相片 G
09303940101	张三	男	电子商务 1 班	1988/01/14	共青团员	0742-4852687		
09303940102	李四	男	电子商务 1 班	1989/03/10	共青团员	0732-5623489		
09303940103	王二五	男	电子商务 1 班	1989/02/20	预备党员	0733-2649854		
09303940104	李力	女	电子商务 1 班	1988/01/25	中共党员	0733-2749536		
09303920101	肖红兰	女	建筑工程 1 班	1989/05/10	共青团员	0740-5894562		
09303920102	刘军	男	建筑工程 1 班	1989/06/15	预备党员	0728-2546892		
09303920104	赵强	男	建筑工程 1 班	1987/07/10	共青团员	0746-5698234		
09303920105	许云	女	建筑工程 1 班	1989/08/12	共青团员	0735-2354915		

【实验内容与步骤】

1. 假设我国 2005 年国民生产总值为 160000 亿元，按每年平均 8%的速度递增，编程计算到 2012 年我国国民生产总值将会达到多少？

【提示】假设国民生产的初值用变量 p0 来表示，则 p0=160000 亿元，每年增长的速度用变量 a 来表示，则 a=0.08,时间间隔用 n 来表示，n=2012-2005=7，而设置 p1 为 2012 年我国国民生长总值，则计算公式为：未来值 p1=初值 p0×(1+增长 a)^{时间间隔} 。Visual FoxPro 计算表达式为：p1=p0*(1+a)^n。

操作步骤如下：

步骤 1：该程序保存的文件名为 Exe_1.prg，在命令窗口输入

```
MODIFY COMMAND Exe_1
```

并打开了程序编辑窗口。

步骤 2：在出现的程序编辑窗口里，输入程序代码

```
CLEAR
p0=160000
a=0.08
n=2012-2005
p1=p0*(1+a)^n
?"我国 2005 年的国民生产总值为："，p0
?"我国 2012 年的国民生产总值为："，p1
RETURN
```

步骤 3：按 Ctrl+S 快捷键或"文件"—"保存"将该程序文件保存。

步骤 4：在命令窗口输入

```
DO Exe_1 或 Ctrl+E
```

运行程序并观察程序的运行结果。

2．在 Student 数据表中，根据从屏幕上输入的学生姓名来查询学生的姓名、性别、所在班级和出生日期。

【提示】该问题可以有多种方法来实现，主要是数据输入、输出的不同。下面用两种不同的输入输出数据形式来实现该问题的编程解决。

方法 1：用 ACCEPT 输入和输出。

步骤 1：该程序保存的文件名为 Exe_2.prg，在命令窗口输入

```
MODIFY COMMAND Exe_2
```

并打开了程序编辑窗口。

步骤 2：在出现的程序编辑窗口里，输入程序代码

```
CLEAR
USE student
ACCEPT "请输入学生的姓名："TO name
LOCATE FOR ALLTRIM(姓名)=name
?"姓名："+姓名
?"性别："+性别
?"所在班级："+所在班级
?"出生日期："+DTOC(出生日期)
USE
RETURN
```

步骤 3：按 Ctrl+S 快捷键或"文件"—"保存"将该程序文件保存。

步骤 4：在命令窗口输入命令

```
DO Exe_2 或 Ctrl+E
```

运行程序并观察程序的运行结果。

方法 2：用屏幕定位输入输出命令。

步骤 1：该程序保存的文件名为 Exe_3.prg，在命令窗口输入

```
MODIFY COMMAND Exe_3
```

并打开了程序编辑窗口。

32

步骤 2：在出现的程序编辑窗口里，输入程序代码

```
CLEAR
USE student
@3,8 SAY "请输入学生的姓名： " GET NAME DEFAULT SPACE(8)
READ
LOCATE FOR ALLTRIM(姓名)=ALLTRIM(name)
@4,8 SAY "姓名： "+姓名
@5,8 SAY "性别： "+性别
@6,8 SAY "所在班级： "+所在班级
@7,8 SAY "出生日期： "+DTOC(出生日期)
USE
RETURN
```

步骤 3：按 Ctrl+S 快捷键或"文件"—"保存"将该程序文件保存。

步骤 4：在命令窗口输入

`DO Exe_3` 或 `Ctrl+E`

运行程序并观察程序的运行结果。

3．铁路托运行李，按规定每张客票托运行李不超过 50 千克时，每千克 0.25 元，如超过 50 千克，超过部分按每千克 0.45 元计算。编写一个程序，把行李重量输入计算机，计算出运费，并打印出付款清单。

【提示】设行李重量为 w 千克，应付运费为 p 元，则运费公式为

$p=0.25*w$　　　　　　　　当 $w<=50$

$p=50*0.25+(w-50)*0.45$　　当 $w>50$

方法 1：

步骤 1：该程序保存的文件名为：Exe_4.prg，在命令窗口输入

`MODIFY COMMAND Exe_4`

并打开了程序编辑窗口。

步骤 2：在出现的程序编辑窗口里，输入程序代码

```
CLEAR
INPUT "请输入行李重量： " TO w
P=0.25*w
IF w>50
    P=50*0.25+(w-50)*0.45
ENDIF
?"行李重量为： ",w
?"应付运费为： ",p
RETURN
```

步骤 3：按 Ctrl+S 快捷键或"文件"—"保存"将该程序文件保存。

步骤 4：在命令窗口输入命令

`DO Exe_4` 或 `Ctrl+E`

运行程序并观察程序的运行结果。

方法 2：步骤和以上相同，但程序改为

```
CLEAR
INPUT "请输入行李重量: " TO w
IF w>50
    P=50*0.25+(w-50)*0.45
ELSE
    P=0.25*w
ENDIF
?"行李重量为: ",w
?"应付运费为: ",p
RETURN
```

请比较方法1和方法2的不同之处。

4．从键盘输入两个数，将其中的大数打印出来。

方法1：从键盘输入两个数，用 INPUT 语句，判断这两个数，把大的那个数赋值给一个变量 MAX，并打印出来。

步骤1：该程序保存的文件名为 Exe_5.prg，在命令窗口输入

```
MODIFY COMMAND Exe_5
```

并打开了程序编辑窗口。

步骤2：在出现的程序编辑窗口里，输入程序代码

```
CLEAR
INPUT "输入第一个数 A: " TO A
INPUT "输入第二个数 B: " TO B
IF A>B
    MAX=A
ELSE
    MAX=B
ENDIF
? "最大数为: ",MAX
RETURN
```

步骤3：按 Ctrl+S 快捷键或"文件"—"保存"将该程序文件保存。

步骤4：在命令窗口输入命令

```
DO Exe_5 或 Ctrl+E
```

运行程序并观察程序的运行结果。

方法2：从键盘输入两个数 A 和 B，判断这两个数，如果 A 大，则输出 A，否则 A 和 B 两个数进行交换，再输出 A。

步骤1：该程序保存的文件名为 Exe_6.prg，在命令窗口输入

```
MODIFY COMMAND Exe_6
```

并打开了程序编辑窗口。

步骤2：在出现的程序编辑窗口里，输入程序代码

```
CLEAR
INPUT "输入第一个数 A: " TO A
INPUT "输入第二个数 B: " TO B
```

```
IF A<B
    T=A
    A=B
    B=T
ENDIF
?"最大数为：",A
RETURN
```
步骤 3：按 Ctrl+S 快捷键或"文件"—"保存"将该程序文件保存。

步骤 4：在命令窗口输入命令

```
DO Exe_6 或 Ctrl+E
```
运行程序并观察程序的运行结果。

实验二　面向过程程序设计（二）

【实验目的】

1. 掌握分支嵌套结构的编写、调试与运行。
2. 掌握结构分支语句的编写、调试与运行。
3. 掌握循环结构的编写、调试与运行。

【实验准备】

将数据表 Student.dbf 保存在默认文件夹中。

【实验内容与步骤】

1. 根据输入的 X 值，计算下面分段函数的值，并显示结果。

$$Y = \begin{cases} 4X+1 & (X<1) \\ 2X & (1 \leqslant X < 10) \\ 3X-6 & (X \geqslant 10) \end{cases}$$

【提示】用 IF…ELSE…ENDIF 嵌套结构编程解决该问题。

程序编写参考步骤如下。

步骤 1：该程序保存的文件名为 Exe_7.prg，在命令窗口输入

```
MODIFY COMMAND Exe_7
```
并打开了程序编辑窗口。

步骤 2：在出现的程序编辑窗口里，输入程序代码

```
SET TALK OFF
CLEAR
INPUT "请输入 X 的值：" TO X
IF X<1
    Y=4*X+1
ELSE
    IF X<10
```

35

```
            Y=2*X
        ELSE
            Y=3*X-6
        ENDIF
    ENDIF
? "分段函数的值为 "+STR(Y)
SET TALK ON
RETU
```

步骤 3：按 Ctrl+S 快捷键或"文件"—"保存"将该程序文件保存。

步骤 4：在命令窗口输入命令

`DO Exe_7` 或 `Ctrl+E`

运行程序并观察程序的运行结果。

将该问题用结构分支语句进行编程，程序文件名为 Exe_8.prg。

程序编写参考步骤如下。

步骤 1：在命令窗口输入

```
    MODIFY COMMAND Exe_8
```

并打开了程序编辑窗口。

步骤 2：在出现的程序编辑窗口里，输入程序代码

```
SET TALK OFF
CLEAR
INPUT "请输入 X 的值： " TO X
DO CASE
    CASE X<1
        Y=4*X+1
    CASE X<10
        Y=2*X
    OTHERWISE
        Y=3*X-6
ENDCASE
? "分段函数的值为 "+STR(Y)
SET TALK ON
RETU
```

步骤 3：按 Ctrl+S 快捷键或"文件"—"保存"将该程序文件保存。

步骤 4：在命令窗口输入命令

`DO Exe_8` 或 `Ctrl+E`

运行程序并观察程序的运行结果。

2. 分别用 FOR…ENDFOR 和 DO WHILE…ENDDO 编程求出 1/1!+1/2!+1/3!+…+1/10!的值。

用 FOR…ENDFOR 编程。

步骤 1：该程序保存的文件名为 Exe_9.prg，在命令窗口输入

```
MODIFY COMMAND Exe_9
```

并打开了程序编辑窗口。

36

步骤 2：在出现的程序编辑窗口里，输入程序代码

```
SET TALK OFF
CLEAR
S=0
T=1
FOR N=1 TO 10
T=T*N
S=S+1/T
ENDFOR
?S
SET TALK ON
RETU
```

步骤 3：按 Ctrl+S 快捷键或"文件"—"保存"将该程序文件保存。

步骤 4：在命令窗口输入命令

```
DO Exe_9 或 Ctrl+E
```

运行程序并观察程序的运行结果。

用 DO WHILE…ENDDO 来编程

步骤 1：该程序保存的文件名为 Exe_10.prg，在命令窗口输入

```
MODIFY COMMAND Exe_10
```

并打开了程序编辑窗口。

步骤 2：在出现的程序编辑窗口里，输入程序代码

```
SET TALK OFF
CLEAR
S=0
T=1
N=1
DO WHILE N<=10
T=T*N
S=S+1/T
N=N+1
ENDDO
?S
SET TALK ON
RETU
```

步骤 3：按 Ctrl+S 快捷键或"文件"—"保存"将该程序文件保存。

步骤 4：在命令窗口输入命令

```
DO Exe_10 或 Ctrl+E
```

运行程序并观察程序的运行结果。

3．求使用算式(1−1/2)+(1/3−1/4)+⋯+(1/n−1/(n+1))的值大于 0.682 的最小奇数 N。

步骤 1：该程序保存的文件名为 Exe_11.prg，在命令窗口输入

```
MODIFY COMMAND Exe_11
```

并打开了程序编辑窗口。

步骤2：在出现的程序编辑窗口里，输入程序代码

```
SET TALK OFF
CLEAR
S=0
FOR N=1 TO 1000 STEP 2
    S=S+(1/N-1/(N+1))
    IF S>0.682
        EXIT
    ENDIF
ENDFOR
?N
SET TALK ON
RETU
```

步骤3：按 Ctrl+S 快捷键或"文件"—"保存"将该程序文件保存。

步骤4：在命令窗口输入命令

```
DO Exe_11 或 Ctrl+E
```

运行程序并观察程序的运行结果。

4. 鸡兔同笼问题。设鸡和兔共有 38 个头，138 只脚，问鸡和兔各为多少只？

【提示】设鸡为 cocks 只，兔为 rabbits 只，则有：cocks+rabbits=38；2*cocks+4*rabbits=138。令脚数之和为一变量 foots，开始令 cocks=0，foots=0，用循环进行判断是否 foots<>138，如果是，则进行如下运算：cocks=cocks+1；rabbits=38-cocks；foots=2*cocks+4*rabbits；再进行循环判断，直到 foots<>138 不成立（即 foots=138），循环结束，打印出结果。

步骤1：该程序保存的文件名为 Exe_12.prg，在命令窗口输入

```
MODIFY COMMAND Exe_12
```

并打开了程序编辑窗口。

步骤2：在出现的程序编辑窗口里，输入程序代码

```
SET TALK OFF
CLEAR
cocks=0
foots=0
DO WHILE foots<>138
    cocks=cocks+1
    rabbits=38-cocks
    foots=2*cocks+4*rabbits
ENDDO
?"鸡的数量为：",cocks
?"兔的数量为：",rabbits
SET TALK ON
RETU
```

步骤3：按 Ctrl+S 快捷键或"文件"—"保存"将该程序文件保存。

步骤 4：在命令窗口输入命令

DO Exe_12 或 Ctrl+E

运行程序并观察程序的运行结果。

5. 编写一程序，可以向 Student 追加记录，完成追加一条记录并显示追加的记录内容后，屏幕出现提示信息：是否继续追加记录，按 Y 继续追加，按其他键退出。

【提示】该问题要求可以不断向数据表追加记录，直到屏幕出现提示信息：是否继续追加记录，按除 Y 以外的键才可以退出。这样的问题，我们可以用 DO WHILE…ENDDO 循环来解决，使 DO WHILE 语句右边的条件表达式为：.t.，这样该循环条件永远满足，也会永远运行循环内设置 IF…ENDIF 语句来确定是继续追加记录，还是退出程序。

步骤 1：该程序保存的文件名为 Exe_13.prg，在命令窗口输入

MODIFY COMMAND Exe_13

并打开了程序编辑窗口。

步骤 2：在出现的程序编辑窗口里，输入程序代码

```
SET STRICTDATE TO 0
SET CENTURY ON
USE STUDENT
DO WHILE .T.
    @8,8 CLEAR                    && 将指定行列位置右下角的屏幕区域清除
    APPEND BLANK
    @8,8 SAY "请输入如下字段内容："
    @9,8 SAY "学号：" GET 学号
    @10,8 SAY "姓名：" GET 姓名
    @11,8 SAY "性别：" GET 性别
    @12,8 SAY "所在班级：" GET 所在班级
    @13,8 SAY "出生日期：" GET 出生日期
    @14,8 SAY "政治面貌：" GET 政治面貌
    @15,8 SAY "联系电话：" GET 联系电话
    READ
    WAIT "按任意键请输入备注字段内容" WINDOWS AT 20,28
    MODIFY MEMO 简历            && 打开备注字段编辑窗口，输入编辑字段内容
    WAIT "按任意键请选择图片文件" WINDOWS AT 20,28
    APPEND GENERAL 相片 FROM ?  && 打开"打开"对话框，可以选择一个图片文件
    @8,8 CLEAR
    @8,8 SAY "刚插入的记录内容是："
    @9,8 SAY "学号：" +学号
    @10,8 SAY "姓名：" +姓名
    @11,8 SAY "性别：" +性别
    @12,8 SAY "所在班级：" +所在班级
    @13,8 SAY "出生日期：" +DTOC(出生日期)
    @14,8 SAY "政治面貌：" +政治面貌
    @15,8 SAY "联系电话：" +联系电话
```

39

```
    @16,8 SAY  " 简历： "+简历
    @17,8 SAY  " 相片： "
    @18,8 SAY  相片
    WAIT  " 按 Y 继续追加记录，按其他键程序结束。 " TO SF WINDOWS AT 20,28
    IF UPPER(SF)<>" Y "
        EXIT
    ENDIF
ENDDO
@8,8 CLEAR
USE
RETURN
```

步骤 3：按 Ctrl+S 快捷键或 "文件" — "保存" 将该程序文件保存。

步骤 4：在命令窗口输入命令

```
DO Exe_12 或 Ctrl+E
```

运行程序并输入其相应数据，观察程序的运行结果。

实验三　面向过程程序设计（三）

【实验目的】

1. 掌握循环嵌套结构的编写、调试与运行。
2. 掌握程序设计三种基本结构的灵活运用。

【实验准备】

将数据表 Student.dbf、Score.dbf 和 Course.dbf 保存在默认文件夹中。

【实验内容与步骤】

1. 设有一个 12×12 方阵 A(i,j)，其每个元素的值为该元素下标的平方和，求出该矩阵所有元素的累加和(i,j 从 1 开始)。

【提示】设置两个变量 i,j 从 1 到 12，要用双重循环来解决。

步骤 1：该程序保存的文件名为 Exe_1 4 .prg，在命令窗口输入

```
MODIFY COMMAND Exe_14
```

并打开了程序编辑窗口。

步骤 2：在出现的程序编辑窗口里，输入程序代码

```
SET TALK OFF
CLEAR
S=0
FOR I=1 TO 12
    FOR J=1 TO 12
        T=I^2+J^2
        S=S+T
```

```
        ENDFOR
    ENDFOR
    ?S
    SET TALK ON
    RETUR
```

步骤 3：按 Ctrl+S 快捷键或"文件"—"保存"将该程序文件保存。

步骤 4：在命令窗口输入命令

```
DO Exe_14 或 Ctrl+E
```

运行程序并观察程序的运行结果。

2．一个自然数是素数，且它的数字位置经过任意对换后仍为素数，则称为绝对素数。如 13，是两位数中最大的绝对数。

步骤 1：该程序保存的文件名为 Exe_15.prg，在命令窗口输入

```
MODIFY COMMAND Exe_15
```

并打开了程序编辑窗口。

步骤 2：在出现的程序编辑窗口里，输入程序代码

```
SET TALK OFF
CLEAR
MAX=0
FOR I=99 TO 10 STEP -1
    J=MOD(I,10)
    F1=1
    FOR K=2 TO I-1
        IF MOD(I,K)=0
            F1=0
            EXIT
        ENDIF
    ENDFOR
    IF F1=1
        F2=1
        L=J*10+INT(I/10)
        FOR K=2 TO L-1
            IF MOD(L,K)=0
                F2=0
                EXIT
            ENDIF
        ENDFOR
        IF F2=1
            ?"两位数中最大的素数为：",I
            EXIT
        ENDIF
    ENDIF
```

```
ENDFOR
RETU
```
步骤 3：按 Ctrl+S 快捷键或"文件"—"保存"将该程序文件保存。

步骤 4：在命令窗口输入命令
```
DO Exe_15 或 Ctrl+E
```
运行程序并观察程序的运行结果。

3．把一张一元钞票，换成一分、二分和五分硬币，每种至少一枚，问兑换后硬币总数最多的与硬币总数最少的枚数之差是多少？

步骤 1：该程序保存的文件名为 Exe_16.prg，在命令窗口输入
```
MODIFY COMMAND Exe_16
```
并打开了程序编辑窗口。

步骤 2：在出现的程序编辑窗口里，输入程序代码
```
SET TALK OFF
CLEAR
MIN=200
MAX=0
FOR YI=1 TO 100
    FOR ER=1 TO 50
        FOR WU=1 TO 20
            IF YI+ER*2+WU*5=100
                T=YI+ER+WU
                IF T>MAX
                    MAX=T
                ENDIF
                IF T<MIN
                    MIN=T
                ENDIF
            ENDIF
        ENDFOR
    ENDFOR
ENDFOR
?MAX-MIN
SET TALK ON
RETUR
```
步骤 3：按 Ctrl+S 快捷键或"文件"—"保存"将该程序文件保存。

步骤 4：在命令窗口输入命令
```
DO Exe_16 或 Ctrl+E
```
运行程序并观察程序的运行结果。

4．编制一个查询学生情况的程序。要求根据给定的学号找出并显示出学生的姓名、课程名和各门功课的成绩。

【提示】用 SELECT-SQL 语句来实现自动查询。

步骤 1：该程序保存的文件名为 Exe_17.prg，在命令窗口输入

```
MODIFY COMMAND Exe_17
```

并打开了程序编辑窗口。

步骤 2：在出现的程序编辑窗口里，输入程序代码

```
OPEN DATABASE 学籍管理
USE STUDENT IN 0
USE COURSE IN 0
USE SCORE IN 0
DO WHILE .T.
    CLEAR
    ACCEPT " 请输入学号 " TO MXH
    SELECT STUDENT.学号,STUDENT.姓名,SCORE.课程编号,COURSE.课程名称,SCORE.成绩;
    FROM STUDENT,COURSE,SCORE;
    WHERE STUDENT.学号= SCORE.学号 AND COURSE.课程编号 =SCORE.课程编号 AND
STUDENT.学号=MXH;
    NOWAIT
    WAIT '继续查询？（Y/N)' TO P
    IF UPPER(P)<>'Y'
        USE
        EXIT
    ENDIF
ENDDO
CLOSE DATABASE
```

步骤 3：按 **Ctrl+S** 快捷键或"文件"—"保存"将该程序文件保存。

步骤 4：在命令窗口输入命令

```
DO Exe_17 或 Ctrl+E
```

运行程序并输入其相应数据，观察程序的运行结果。

实验四　面向过程程序设计（四）

【实验目的】

掌握过程及过程的编写、调试与运行。

【实验准备】

将数据表 Student.dbf 保存在默认文件夹中。

【实验内容与步骤】

1. 用调用过程的方法来求如下式子。

$$c_m^n = \frac{m!}{n!(m-n)!}$$

【提示】要计算该组合数，首先要求出每一个数的阶乘，求阶乘的方法，有很多种。

方法 1：用调用子程序的形式计算。

求任意自然数 j 的阶乘的子程序编写步骤如下。

步骤 1：在命令窗口里输入命令（该文件名为 jc.prg）

```
MODIFY COMMAND JC
```

步骤 2：在出现的窗口里，输入程序代码

```
factor=1
FOR x=j TO 1 STEP -1
    factor=factor*x
ENDFOR
RETURN
```

步骤 3：按 Ctrl+S 快捷键或"文件"—"保存"将该程序文件保存。

求该组合数的主程序为 Main1.prg，其步骤如下。

步骤 1：在命令窗口里输入命令

```
MODIFY COMMAND Main
```

步骤 2：在出现的程序编辑窗口里，输入程序代码

```
CLEAR
@2,8 SAY "请输入求组合数的自然数 n 和 m，要求 m 大于 n。"
@4,8 SAY "请输入自然数 n: " GET n DEFAULT 1
@5,8 SAY "请输入自然数 m: " GET m DEFAULT 10
READ
```

*以下变量中，c1 代表 n！，c2 代表 m！，c3 代表（m-n）！，c 代表组合数。

```
CLEAR
@2,8 SAY "请输入求组合数的自然数 n 和 m，要求 m 大于 n。"
@4,8 SAY "请输入自然数 n: " GET n DEFAULT 1
@5,8 SAY "请输入自然数 m: " GET m DEFAULT 10
READ
```

*以下变量中，c1 代表 n！，c2 代表 m！，c3 代表（m-n）！，c 代表组合数。

```
factor=1
j=n
DO jc
c1=factor
j=m
DO jc
c2=factor
j=m-n
DO jc
c3=factor
c=c2/(c1*c3)
@8,8 SAY "组合数"+ALLTRIM(STR(m,3))+ "!/( "+ALLTRIM(STR(n,3))+ "!*"+;
ALLTRIM(STR(m-n,3))+ "!)的值是: "+ALLTRIM(STR(c,20,2))
```

RETURN

步骤 3：按 Ctrl+S 快捷键或"文件"—"保存"将该程序文件保存。

步骤 4：在命令窗口输入命令：

DO Main1 或 Ctrl+E

运行程序并输入其相应数据，观察程序的运行结果。

方法 2：用调用过程的形式计算。

（1）依附过程计算。

步骤 1：在命令窗口里输入命令（文件名：Exe_18.prg）

MODIFY COMMAND Exe_18

步骤 2：在出现的程序编辑窗口里，输入程序代码

```
CLEAR
@2,8 SAY  "请输入求组合数的自然数 n 和 m，要求 m 大于 n。"
@4,8 SAY  "请输入自然数 n： "  GET n DEFAULT 1
@5,8 SAY  "请输入自然数 m： "  GET m DEFAULT 10
READ
c=jchs(m)/(jchs(n)*jchs(m-n))
@8,8 SAY  "组合数"+ALLTRIM(STR(m,3))+  "!/("+ALLTRIM(STR(n,3))+  "!* "+;
ALLTRIM(STR(m-n,3))+  "!)的值是： "+ALLTRIM(STR(c,20,2))
RETURN


FUNCTION jchs
PARAMETERS J
factor=1
FOR x=j TO 1 STEP -1
    factor=factor*x
ENDFOR
RETURN factor
```

步骤 3：按 Ctrl+S 快捷键或"文件"—"保存"将该程序文件保存。

步骤 4：在命令窗口输入命令

DO Exe_18 或 Ctrl+E

运行程序并输入其相应数据，观察程序的运行结果。

（2）调用独立过程的形式计算。

独立的过程步骤如下。

步骤 1：在命令窗口里输入命令（文件名：jchs1.prg）

MODIFY COMMAND jchs1

步骤 2：在出现的程序编辑窗口里，输入程序代码

```
PARAMETERS J
factor=1
FOR x=j TO 1 STEP -1
    factor=factor*x
ENDFOR
```

```
RETURN factor
```

步骤 3：按 Ctrl+S 快捷键或"文件"—"保存"将该程序文件保存。

调用的主程序如下。

步骤 1：在命令窗口里输入命令（文件名：main2.prg）

```
MODIFY COMMAND main2
```

步骤 2：在出现的程序编辑窗口里，输入程序代码

```
CLEAR
@2,8 SAY "请输入求组合数的自然数 n 和 m，要求 m 大于 n。"
@4,8 SAY "请输入自然数 n: " GET n DEFAULT 1
@5,8 SAY "请输入自然数 m: " GET m DEFAULT 10
READ
c=jchs1(m)/(jchs1(n)*jchs1(m-n))
@8,8 SAY "组合数"+ALLTRIM(STR(m,3))+ "!/( "+ALLTRIM(STR(n,3))+ "!* "+;
ALLTRIM(STR(m-n,3))+ "!)的值是: "+ALLTRIM(STR(c,20,2))
RETURN
```

步骤 3：按 Ctrl+S 快捷键或"文件"—"保存"将该程序文件保存。

步骤 4：在命令窗口输入命令

```
DO main2 或 Ctrl+E
```

运行程序并输入其相应数据，观察程序的运行结果。

2. 判断 2123 年是否为闰年。若是闰年，输出"YES"，否则输出"NO"。

步骤 1：在命令窗口里输入命令（文件名：Exe_19.prg）

```
MODIFY COMMAND Exe_19
```

步骤 2：在出现的程序编辑窗口里，输入程序代码

```
SET TALK OFF
CLEAR
ANS=" "
Y=2123
DO SUB WITH Y,ANS
?ANS
SET TALK ON
RETU

PROCEDURE SUB
PARAMETER Y,ANS
ANS=" NO "
IF Y%4=0 .AND. (Y%100<>0 .OR. Y%400=0)
    ANS=" YES "
ENDIF
RETURN
```

步骤 3：按 Ctrl+S 快捷键或"文件"—"保存"将该程序文件保存。

步骤 4：在命令窗口输入命令

DO Exe_19 或 Ctrl+E

运行程序并观察程序的运行结果。

3．用主程序调用过程的方式编写求圆的面积、圆的周长和球的体积的程序。

步骤 1：在命令窗口里输入命令（文件名：Exe_20.prg）

```
MODIFY COMMAND Exe_20
```

步骤 2：在出现的程序编辑窗口里，输入程序代码

```
CLEAR
INPUT "请输入半径：" TO radius
mj=0
zc=0
tj=0
DO ymj WITH mj,radius
DO yzc WITH zc,radius
DO qtj WITH tj,radius
?"半径为"+ALLTRIM(STR(radius,10))+"的圆面积是：",mj
?"半径为"+ALLTRIM(STR(radius,10))+"的圆周长是：",zc
?"半径为"+ALLTRIM(STR(radius,10))+"的球体积是：",tj
RETU


PROCEDURE ymj
PARAMETERS s,r
s=pi()*r*r
RETU


PROCEDURE yzc
PARAMETERS s,r
s=2*pi()*r
RETU


PROCEDURE qtj
PARAMETERS s,r
s=4/3*pi()*r^3
RETU
```

步骤 3：按 Ctrl+S 快捷键或"文件"—"保存"将该程序文件保存。

步骤 4：在命令窗口输入命令

```
DO Exe_20 或 Ctrl+E
```

运行程序并输入数据，观察程序的运行结果。

4．用过程文件来编写学生管理程序，要求能添加记录、修改记录、查询记录和删除记录。

步骤 1：在命令窗口里输入命令（文件名：Exe_21.prg）

```
MODIFY COMMAND Exe_21
```

步骤 2：在出现的程序编辑窗口里，输入程序代码

```
SET TALK OFF
USE student
DO WHILE .T.
    CLEAR
    TEXT
            学生管理
        ------------------------------
        ------------------------------
        1---录入    2---修改
        3---查询    4---删除
                0---退出
    ENDTEXT
    WAIT "请键入您的选择（0-4）："  TO XC
    DO CASE
        CASE XC="1"
            DO SU1
        CASE XC="2"
            DO SU2
        CASE XC="3"
            DO SU3
        CASE XC="4"
            DO SU4
        CASE XC="0"
            CLOSE PROCEDURE
            CANCEL
        OTHERWISE
            WAIT "选择错，按任意键重新选择"
    ENDCASE
ENDDO

PROCEDURE SU1
    APPEND
    RETURN
PROCEDURE SU2
    BROWSE
    RETURN
PROCEDURE SU3
    CLEAR
    ACCEPT "请输入学生的姓名：" TO name
    LOCATE FOR ALLTRIM(姓名)=name
    DISPLAY
```

```
        WAIT
        RETURN
    PROCEDURE SU4
        CLEAR
        INPUT "请输入要删除的记录号："TO J
        GO J
        DELETE
        PACK
        RETURN
```

步骤 3：按 Ctrl+S 快捷键或"文件"—"保存"将该程序文件保存。

步骤 4：在命令窗口输入命令

DO Exe_21 或 Ctrl+E

运行程序并输入数据，观察程序的运行结果。

单元7　表单设计实验

实验一　使用表单向导设计一个显示指定学生信息的表单

【实验目的】

1. 掌握表单、表单类型的概念。
2. 掌握"表单向导"、"表单设计器"的使用。
3. 掌握表单的创建。

【实验准备】

1. 做好准备，拟出操作提纲，明确要记录的数据。
2. 完成要求部分后可做课外部分或在自由上机时间完成。

【实验内容与步骤】

1. 熟悉"表单向导"、"表单设计器"、数据环境。
2. 熟悉在表单中添加控件。
3. 熟悉相关控件的事件、方法和属性。
4. 要求利用"表单向导"创建一个显示学生表、成绩表内容的一对多表单。其运行界面如图7.1 所示。

【实验步骤】

1. 启动表单向导，打开"向导选取"对话框，选择"一对多表单"。

方法一：从菜单中选取"文件"菜单并选择"新建"，在"新建"对话框中选择"表单"，然后单击"向导"，如图 7.2 所示。

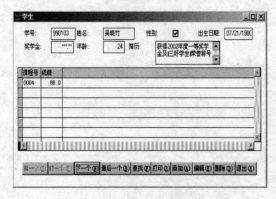

图 7.1　多表表单图

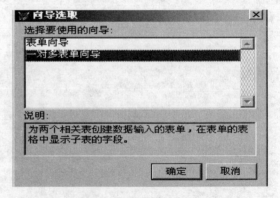

图 7.2　向导选取对话框

方法二：在系统标准工具栏中选择"新建"，在"新建"对话框中选择"表单"，然后单击"向导"。

50

方法三：在系统菜单"工具"菜单中选择"向导"，然后在"向导"中选取"表单"。

方法四：在命令窗口输入命令 create form。

2．表单向导第一步：选定父表中可用字段。

在"数据库及表"中选择学生表，在"可用字段"列表框中选择将该表的所有字段添加到"选定字段"列表框中，然后单击"下一步"按钮进入"表单向导第二步"。如图 7.3 所示。

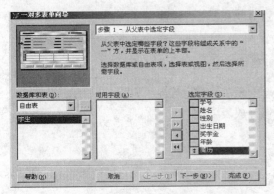

图 7.3　表单向导步骤一：从父表选定字段

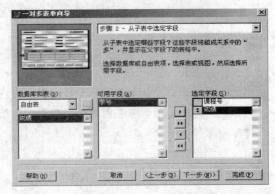

图 7.4　表单向导步骤二：从子表选定字段

3．表单向导第二步：从子表中选取字段。

在"数据库及表"中选择成绩表，在可用字段列表框中选择将该表的"课程号"和"成绩"字段添加到"选定字段"列表框中，然后单击"下一步"按钮进入"表单向导第三步"。如图 7.4 所示。

4．表单向导第三步：建立表之间的关系。

将学生表和成绩表通过"学号"建立关系，如图 7.5 所示。

5．表单向导第四步：输入表单标题的内容。

单击"预览"查看表单结果。如需要修改，单击"上一步"按钮进行修改。最后单击"完成"按钮将表单文件保存到相应的文件夹中。如图 7.6 所示。

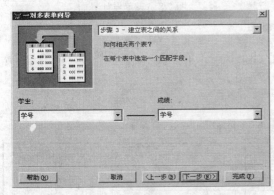

图 7.5　表单向导第三步：建立表间关系

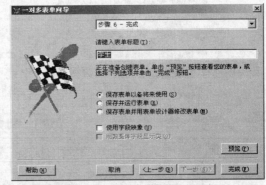

图 7.6　表单向导第四步：完成

6．调试运行界面如图 7.1 所示。

实验二　使用表单设计器设计学生信息浏览表单

【实验目的】

1．掌握表单、表单类型的概念。

2. 掌握"表单向导"、"表单设计器"的使用。

3. 掌握表单创建。

【实验准备】

1. 做好准备,拟出操作提纲,明确要记录的数据。

2. 完成要求部分后可做课外部分或在自由上机时间完成。

【实验内容与步骤】

【设计要求】

1. 要求用表单设计器创建一个显示学生表内容的表单。其运行界面如图 7.7 所示。

2. 表格控件显示学生表内容,按"退出"按钮释放表单。

【实验步骤】

1. 界面设计。

启动"表单设计器",分别向表单中添加一个表格控件 grid1 和一个命令按钮 command1。界面如图 7.8 所示。

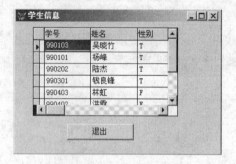

图 7.7 学生表内容的表单

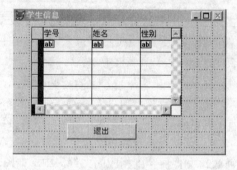

图 7.8 表单设计界面

2. 在数据环境中添加学生表。

在"表单设计器"的表单界面右击鼠标,在弹出的快捷菜单中选择"数据环境"。在"数据环境"中将学生表添加到表单的数据环境中。

3. 属性设置(表 7.1)。

表 7.1 对象属性设置

对 象 名	属 性	属 性 值	作 用
grid1	recordsource	学生	将表格与数据源绑定
grid1	recordsourcetype	1-别名	
command1	caption	退出	释放表单
form1	caption	学生信息	表单标题

4. 编写代码。

命令按钮"退出"command1 的 click 事件代码:

    thisform.release

5. 调试运行界面如图 7.7 所示。

单元 8　报表与标签设计实验

【实验目的】

1. 掌握利用报表向导创建报表。
2. 掌握一对多报表设计方法。
3. 掌握报表设计器中各种控件的用法，并能利用报表控件设计专门报表。
4. 掌握标签设计方法。

【实验准备】

1. 建立学籍管理数据库，该数据库包括 Course.dbf 表、Score.dbf 表和 Student.dbf 表。
2. 具体数据如图 8.1、图 8.2、图 8.3 所示。

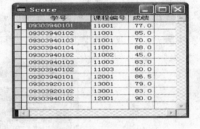

课程编号	课程名称	开课学期	课程类型	学分	考试类型
11001	英语	1	公共基础课	4	考试
11002	高等数学	1	公共基础课	6	考试
11003	计算机	1	公共基础课	3	考查
12001	电子商务	2	专业课	4	考试
13001	工程制图CAD	3	专业课	5	考试

图 8.1　Course.dbf 表

学号	课程编号	成绩
09303940101	11001	77.0
09303940102	11001	85.0
09303940103	11001	70.0
09303940104	11001	88.0
09303940102	11002	45.0
09303940103	11003	83.0
09303940102	11003	60.0
09303940102	12001	86.5
09303920101	13001	79.0
09303940102	13001	83.0
09303940102	12001	90.0

图 8.2　Score.dbf 表

学号	姓名	性别	所在班级	出生日期	政治面貌	联系电话	简历	相片
09303940101	张三	男	电子商务1班	02/14/88	共青团员	0742-4852687	Memo	Gen
09303940102	李四	男	电子商务1班	03/10/89	共青团员	0732-5623489	Memo	Gen
09303940103	王二五	男	电子商务1班	02/20/89	预备党员	0733-2649854	Memo	Gen
09303940104	李力	女	电子商务1班	01/25/88	中共党员	0733-2749536	Memo	Gen
09303920101	肖红兰	女	建筑工程1班	05/10/89	共青团员	0740-5894562	Memo	Gen
09303920102	刘军	男	建筑工程1班	06/15/89	预备党员	0728-2546892	Memo	Gen
09303920104	赵强	男	建筑工程1班	07/10/87	共青团员	0746-5698234	Memo	Gen
09303920105	许云	女	建筑工程1班	08/12/89	共青团员	0735-2354915	Memo	Gen

图 8.3　Student.dbf 表

【实验内容与步骤】

1. 利用【报表向导】设计一个以"Student.dbf"为基础的报表。要求以"性别"分组统计人数。如图 8.4 所示。

操作步骤如下。

步骤 1：打开"Student"表作为报表的数据源。

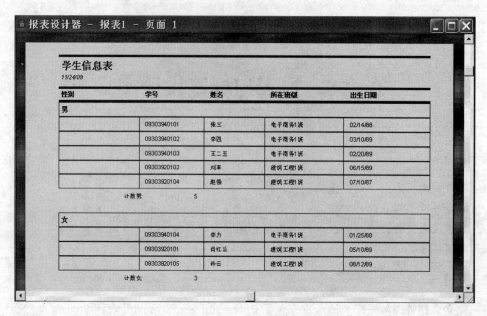

图 8.4　学生信息表

步骤 2：打开"文件"菜单中的"新建"菜单项，或者单击工具栏上的"新建"按钮，打开"新建"对话框。在文件类型栏中选择"报表"，然后单击"向导"按钮打开"向导选取"对话框。

步骤 3：选取"报表向导"项，单击"确定"按钮，将弹出"报表向导"对话框。如图 8.5 所示。

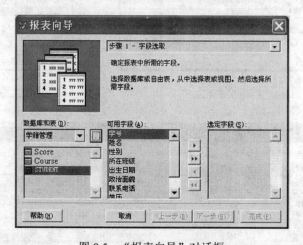

图 8.5　"报表向导"对话框

步骤 4：在"报表向导"中选择"Student"作为数据源，选取学号、姓名、性别、所在班级、出生日期字段，单击"下一步"。

步骤 5：选定"性别"字段为报表分母字段，如图 8.6 所示。单击"总结选项"按钮，在"总结选项"对话框中，选择按"学号"进行分组计数，如图 8.7 所示。单击"确定"，返回"报表向导"对话框，并单击"下一步"。

步骤 6：在弹出的"选择报表样式"对话框中，选取"帐务式"，如图 8.8 所示。单击"下一步"。

步骤 7：不改变报表布局的默认设置，单击"下一步"。

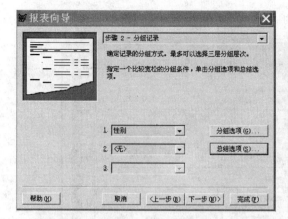

图 8.6 分组记录步骤

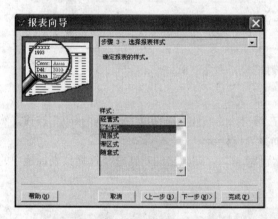

图 8.7 "总结选项"对话框

步骤 8：不指定排序字段，如图 8.9 所示，单击"下一步"。

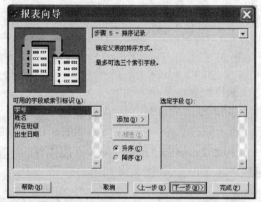

图 8.8 选择报表样式步骤

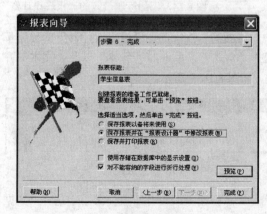

图 8.9 排序记录步骤

步骤 9：在报表标题中输入"学生信息表"，选中"保存报表并在'报表设计器'中修改报表"单选按钮。如图 8.10 所示。

步骤 10：单击"预览"按钮可浏览报表，如图 8.4 所示。单击"完成"按钮，为报表文件指定存储路径并指定报表文件名为"学生信息表 1"。

步骤 11：报表设计完成后，将显示打开状态，如图 8.11 所示。

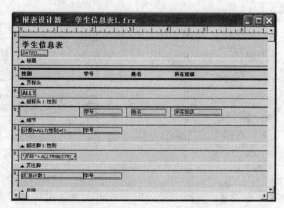

图 8.10 完成步骤

图 8.11 在"报表设计器"中打开"学生信息表"报表

2. 创建如图 8.12 所示报表。其中数据源为 Student.dbf 和 Score.dbf。

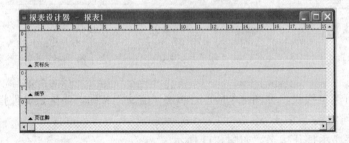

图 8.12　学生成绩报表打印预览效果

操作步骤如下。

步骤 1：从"文件"菜单中选择"新建"，在弹出的"新建"对话框中选定"报表"按钮，然后单击"新建文件"按钮，得到如图 8.13 所示的报表设计器。

步骤 2：单击"报表"菜单下拉列表的"标题/总结"，在弹出的对话框，选择报表标题中的标题带区（T）。如图 8.14 所示。

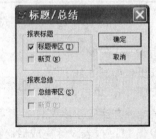

图 8.13　报表设计器　　　　　图 8.14　添加标题带区的"报表设计器"

步骤 3：单击如图 8.15 所示的"报表控件"中的"标签"按钮，在"报表设计器"的标题带区中单击一下，并输入"学生信息表"。并先后选择"格式"菜单中的"字体"以及"文本对齐方式"选项，修改"学生信息表"这五个字的格式。如图 8.16 中所示。

图 8.15　"报表控件"工具栏　　　　图 8.16　标题带区中添加"学生成绩表"标题

步骤 4：选择"显示"菜单中的"数据环境"命令，从弹出报表设计器快捷菜单中选择"数据环境"命令，将弹出"数据环境设计器"。

步骤 5：在"数据环境设计器"窗口中单击右键，选择"添加"命令。将会弹出"打开"对话框，选择数据库表 Student.dbf。并在弹出如图 8.17 所示的"添加表或视图"中选择 Score 表，然后单击"添加"按钮。得到如图 8.18 所示的"数据环境设计器"。

 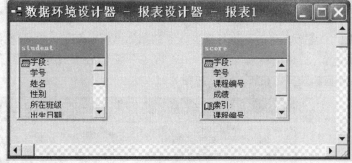

图 8.17　"添加表或视图"对话框　　　　图 8.18　"数据环境设计器"窗口

步骤 6：选择图 8.18 Student 中的"学号"字段将其拖动到细节带区，同样的方式将"姓名"、"性别"、"所在班级"、"课程编号"、"成绩"字段都拖放到细节带区。如图 8.19 所示。

图 8.19　在"细节"带区中添加需要的域控件

步骤 7：在页标头中添加"学号"、"姓名"、"性别"、"所在班级"、"课程编号"、"成绩" 6 个标签（方法如同步骤 3）。并选中标签或控件，利用键盘上的←、↑、→、↓移动到需要的位置。移动后如图 8.20 所示。

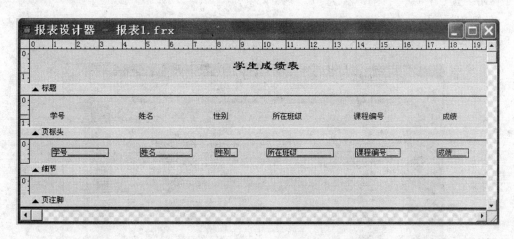

图 8.20　"页标头"带区添加了标签的"报表设计器"

步骤 8：调整各带区高度，画表格线。调整各带区高度，可以用鼠标上下拖动各带区标识栏，调整带区高度到适当位置。在页标头带区和细节带区中画上表格线。单击"报表控件"工具栏上的"线条"按钮，然后在报表设计器窗口的需要位置进行画线。

根据本例要求可在"页标头"带区内围绕各个标签字段名画出如下表格线：

在"细节"带区内围绕各个字段的标题画出如下表格线：

画线时要注意，各个线条的长短应统一，上下线条对齐。同样的线条如上述表格线中的竖线画出 1 条后，可借助"复制"、"粘贴"操作，产生其他竖线，选中复制后的竖线，移动到需要的位置。线条的精细可通过单击"格式"菜单，在"绘图笔"子菜单中单击中相应的子命令，进行相应的选择。设置好后，如图 8.21 如示。

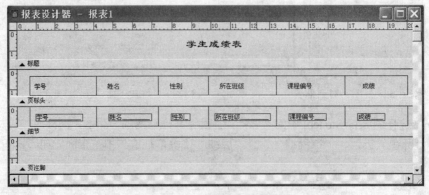

图 8.21　设计完成的报表框架

注：在拖动控件移动到预定位置的过程中，往往难以准确定位，这主要是由于控件以半个网格为单位移动，可以选择"格式"菜单中"设置网络刻度"命令及"显示"菜单中"网络线"命令，调整网格大小及显示网格线，控件即可准确定位。

步骤9：单击"文件"菜单中的"另存为"命令，打开"另存为"对话框，将该文件保存。并单击常用工具栏上的"打印预览"按钮，预览效果如图 8.12 所示。

3．使用标签向导设计包含学号、姓名、性别、所在班级和政治面貌 5 个字段的学生标签，如图 8.22 所示。数据源为 Student.dbf。

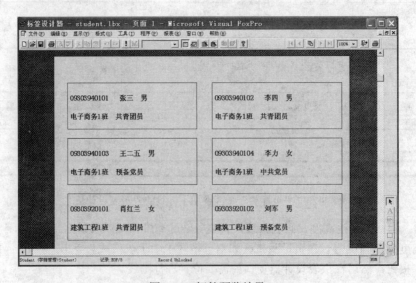

图 8.22　标签预览结果

步骤 1：打开"Student"作为标签的数据源。

步骤 2：单击菜单"文件"中的"新建"命令，选择"标签"文件类型，单击"向导"，将弹出如图 8.23 所示的"标签向导"步骤 1"选择表"对话框。

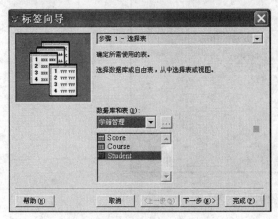

图 8.23　"标签向导"步骤 1

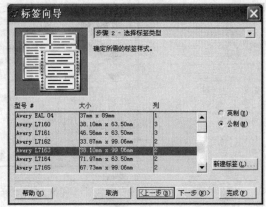

图 8.24　"标签向导"步骤 2

步骤 3：单击"下一步"，将弹出"标签向导"步骤 2 选择标签类型对话框，选中"公制"单选按钮，选择标签样式为 Avery L7163，如图 8.24 所示。

步骤 4：单击"下一步"，将弹出"标签向导"步骤 3"定义布局"对话框。将可用字段选中，单击 ▶ 按钮将其添加到选定字段中，添加下一个可用字段时注意用中间的按钮进行布局操作。将学号、姓名、性别、所在班级、政治面貌这 5 个字段分成两行，两行之间空两行。并单击"字体"按钮，将字体改成宋体，14，粗体。最后效果如图 8.25 所示。

步骤 5：单击"下一步"，将弹出"标签向导"步骤 4"排序记录"对话框，如图 8.26 所示。将"所在班级"添加到选定字段中。

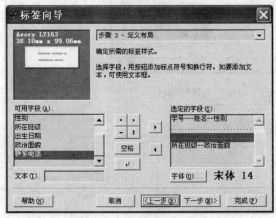

图 8.25　"标签向导"步骤 3

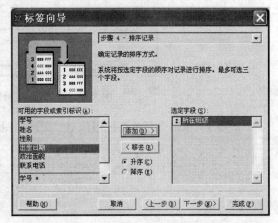

图 8.26　"标签向导"步骤 4

步骤 6：单击"下一步"，将弹出"标签向导"步骤 5"完成"对话框，选中"保存标签并在'标签设计器'中修改"单选按钮，如图 8.27 所示。

步骤 7：单击"完成"按钮，指定标签文件存储的文件夹，并指定标签文件名为 Student.lbx。

步骤 8：打开已存盘的 Student.lbx，用报表控件工具栏中的矩形控件将标签设计器窗口中"细节"区中的 5 个对象框起来。如图 8.28 所示。

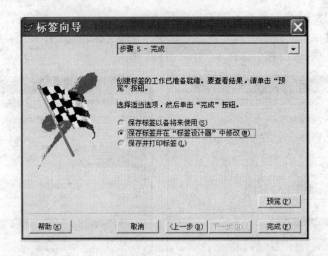

图 8.27 "标签向导"步骤 5

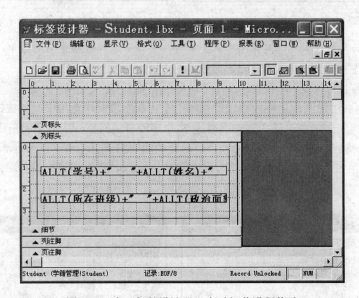

图 8.28 在"标签设计器"中对细节进行修改

步骤 9：单击"预览"按钮预览结果，如图 8.22 所示。

单元 9 菜单与工具栏设计实验

【实验目的】

1. 了解菜单系统的组成。
2. 掌握菜单设计器的基本操作。
3. 了解快速菜单的建立过程。
4. 掌握应用程序菜单的设计过程。
5. 掌握快捷菜单的设计。

【实验准备】

准备表文件 rsb.dbf。

人事表 rsb.dbf，表结构和记录如下：

字段	bh C(4)	xm C(6)	xb C(2)	csrq D(8)	gzrq D(8)	bmdm C(3)	zc C(10)	hf L(1)	jbgz N(8,2)
意义	编号	姓名	性别	出生日期	工作日期	部门代码	职称	婚否	基本工资

bh	xm	xb	csrq	gzrq	bmdm	zc	hf	jbgz
0001	李明	男	09/17/63	09/15/80	A01	副教授	.F.	1450
0002	程建能	男	05/28/58	03/12/76	B02	副教授	.T.	1550
0003	冯小珊	女	02/21/75	08/22/96	A01	讲师	.T.	980
0004	廖素芬	女	04/14/79	09/05/99	B02	助教	.F.	880
0005	黄俊生	男	07/05/69	05/14/88	A03	讲师	.T.	1060
0006	吴晓君	女	10/08/68	09/01/85	C01	讲师	.T.	1100
0007	张兵	男	01/18/85	02/16/68	B01	教授	.T.	1900
0008	陈宏	男	12/09/80	09/04/01	A01	助教	.F.	820
0009	董开宁	男	09/12/60	03/28/78	A04	教授	.T.	1780
0010	陈晓敏	女	04/09/73	09/16/94	B01	讲师	.T.	1020

【实验内容与步骤】

1. 利用菜单设计器建立一个与系统主菜单相同的快速菜单，如图 9.1 所示，保存菜单定义 cdl.mnx，生成并运行菜单程序 cdl.mpr。

| 文件(F) | 编辑(E) | 显示(V) | 格式(O) | 工具(T) | 程序(P) | 窗口(W) | 帮助(H) |

图 9.1 建立系统快捷菜单

操作步骤如下。

步骤 1：打开"菜单设计器"窗口。选择"文件"菜单中的"新建"命令→在"新建"对话框中，选择"菜单"选项，按"新建文件"按钮→出现"菜单设计器"窗口。

打开"菜单设计器"窗口也可以使用_____命令。

步骤2：建立快速菜单，打开"菜单"中的"快速菜单"命令，在"菜单设计器"窗口中添加进了系统菜单，如图9.2所示。

图9.2　建立系统快捷菜单

步骤3：保存菜单定义（.MNX）。选择"文件"菜单中的"保存"命令→在"另存为"对话框中输入保存菜单为cdl.mnx。

步骤4：生成菜单程序（.MPR）。选择"菜单"菜单中的"生成"→在"生成菜单"对话框中取输出文件为cdl.mpr。

步骤5：运行菜单程序。在命令窗口中输入命令 DO cdl.mpr，运行菜单程序，其扩展名.mpr不能省略。

要修改菜单文件使用_____命令。

2．建立如表9.1所列的人事管理应用程序菜单cd2.mpr。

表9.1　应用程序主菜单和子菜单

主菜单	数据处理(<u>D</u>)	数据查询（<u>Q</u>）	系统管理（<u>M</u>）
	输入 (<u>A</u>)	按姓名查询（<u>N</u>）	退出（<u>X</u>）
子菜单	修改（<u>B</u>）	按职称查询(<u>I</u>)	修改密码（<u>P</u>）
	删除（<u>D</u>）	按部门查询(<u>C</u>)	数据备份（<u>R</u>）

操作步骤如下。

步骤1：打开"菜单设计器"窗口。使用_____命令。

步骤2：建立主菜单。确定菜单级为"菜单栏"，依次输入如图9.3所示的内容，并按下列要求分别在"选项"中为各个菜单项设置热键。

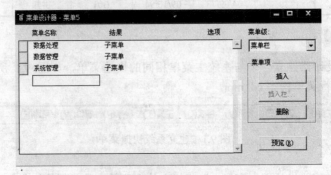

图9.3　人事管理主菜单

62

"数据处理（\<D）"设置为 Alt+D;

"数据查询（\<Q）"设置为 Alt+Q;

"系统管理（\<M）"设置为 Alt+M;

步骤 3：建立子菜单。选中菜单名称为"数据处理（\<D）"，"结果"选为"子菜单"，单击"创建"按钮，进入菜单级为"数据处理 D"的子菜单编辑窗口，如图 9.4 所示输入子菜单项，每项中间用水平分组线隔开，并给每项子菜单指定如下快捷键。

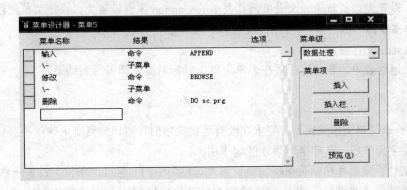

图 9.4 "数据处理"子菜单

"输入（\<A）"设置为 Ctrl+A

"修改（\<B）"设置为 Ctrl+B

"删除（\<D）"设置为 Ctrl+D

相应地完成"数据查询"和"系统管理"子菜单的设置。

步骤 4：保存设置和生成菜单程序。可用"预览"按钮查看菜单设计效果，然后以 cd2.mnx 保存菜单定义文件。

选择"菜单"菜单中的"生成"命令，系统自动生成菜单程序 cd2.mpr。

步骤 5：运行菜单程序。在命令窗口中输入命令 DO cd2.mpr。

3．建立快捷菜单 cd3.mpr，并在表单中调用该快捷菜单。

操作步骤如下。

步骤 1：打开"快捷菜单设计器"窗口。选择"文件"→"新建"→"菜单"→"新建文件"→"快捷菜单"，打开"快捷菜单设计器"窗口。

步骤 2：设置菜单项。按图 9.5 所示输入各菜单项内容，各菜单项对应的命令如下。

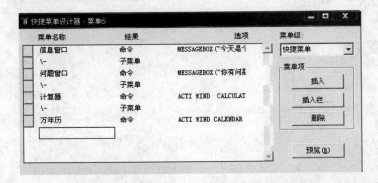

图 9.5 "快捷菜单设计器"中的 cd3 定义窗口

"信息窗口"命令：MESSAGEBOX（"今天是个好日子~"，1+64+256，"信息窗口"）

"问题窗口"命令：MESSAGEBOX（"你有问题吗？"，0+32+0，"问题窗口"）

"计算器"命令：ACTI WIND CALCULATOR

"万年日历"命令：ACTI WIND CALENDAR

步骤3：保存菜单定义。单击工具栏"保存"图形按钮，以文件名 cd3.mnx 保存文件。

步骤4：生成快捷菜单程序。选择"菜单"→"生成"，以 cd3.mpr 保存快捷菜单程序。

步骤5：设置表单。新建一个表单，其表单的 Caption 属性设置为"快捷菜单应用"，表单的 RigntClick(单击鼠标右键的事件)过程代码为 DO cd3.mpr。

表单以 kscd.scr 存盘。

步骤6：运行表单。表单运行后在表单上单击鼠标右键，即可得到结果。

【课后练习】

1．创建一个简单文本编辑器。要求在没有选定文字时，剪切和复制菜单项不起作用，在剪切或复制选定文字操作后，粘贴菜单项才能起作用。

提示：剪切、复制和粘贴菜单项均需设置"选项"中的"跳过"条件，设置条件如下。

剪切菜单项的"跳过"条件：_CREEN.ACTIVEFORM.EDITI.SELLENGTH<=0

复制菜单项的"跳过"条件：_CREEN.ACTIVEFORM.EDITI.SELLENGTH<=0

粘贴菜单项的"跳过"条件：len(_cliptext)<=0

2．使用菜单设计器创建一个应用程序菜单，菜单功能如表 9.2 所列。

表 9.2　应用程序主菜单和子菜单

主菜单	文件（F）	编辑（E）	显示（B）	程序（P）
子菜单	打开（O）Ctrl+O	人事表（R）	人事表	查询1
	保存（S）Ctrl+S	工资表（S）	工资表	查询2
功能说明	分别打开、保存和关闭指定的文件	修改表 rsb.dbf 或表 gzb.dbf 的结构	浏览表 rsb.dbf 或表 gzb.dbf 中的记录	分别运行查询文件 cx1.qpr,cx2.qpr

习题篇

单元 10　Visual FoxPro 基础习题

一、选择题

1. 层次模型不能直接表示_____。
   A．一对一关系
   B．一对多关系
   C．多对多关系
   D．一对一和多对多关系
2. 层次型、网状型和关系型数据库划分的原则是_____。
   A．记录长度
   B．文件的大小
   C．联系的复杂程度
   D．数据之间的联系
3. 关系模型的内涵包括_____。
   A．关系的定义和说明
   B．属性和域的定义和说明
   C．数据完整性约束
   D．A、B 和 C
4. 对于关系模型叙述错误的是_____。
   A．建立在严格的数学理论、集合论和谓词演算公式的基础之上
   B．微机 DBMS 绝大部分采取关系数据型
   C．用二维表表示关系模型是其一大特点
   D．不具有连接操作的 DBMS 也可以是关系数据库系统
5. 下列命题中错误的是_____。
   A．关系中每一个属性对应一个值域
   B．关系中不同的属性对应同一个值域
   C．对应于同一个值域的属性为不同的属性
   D．DOM(A)表示属性 A 的取值范围
6. 一个关系数据库系统必须能够表示实体和关系，关系可与_____实体有关。
   A．0 个
   B．1 个
   C．2 个或 2 个以上
   D．1 个或 1 个以上
7. 如果一个班只能有一个班长，而且一个班长不能同时担任其他班的班长，班级和班长两个实体之间的关系属于_____。
   A．一对一联系
   B．一对二联系
   C．多对多联系
   D．一对多联系
8. 有一个学生关系模式 Student(学号，姓名，出生日期，系名，班号，宿舍号)，则其候选关键字为_____。
   A．(学号，姓名)
   B．(学号)
   C．(学号，班号)
   D．(学号，宿舍号)

9. 关系模型中，一个关键字是_____。

    A. 可由多个任意属性组成

    B. 至多由一个属性组成

    C. 可由一个或多个其值能唯一标识该关系模式中任何元组的属性组成

    D. 以上都不是

10. 关系模式的任何属性_____。

    A. 不可再分   B. 可再分

    C. 命名在该关系模式中可以不唯一   D. 以上都不是

11. 使用关系运算对系统进行操作，得到的结果是_____。

    A. 属性   B. 元组   C. 关系   D. 关系模式

12. 自然连接是构成新关系的有效方法。一般情况下，当对关系 R 和 S 使用自然连接时，要求 R 和 S 含有一个或多个共有的_____。

    A. 元组   B. 行   C. 记录   D. 属性

13. 在关系理论中，把能够唯一地确定一个元组的属性或属性组合称之为_____。

    A. 索引码   B. 关键字   C. 域   D. 外码

14. 学生性别的取值只能为"男"、"女"，这个范围在关系模型中被称为_____。

    A. 域   B. 码   C. 分量   D. 集合

15. 下列关系候选关键字的说法中错误的是_____。

    A. 主关键字是唯一标识实体的属性集

    B. 候选关键字能唯一决定一个元组

    C. 能唯一决定一个元组的属性集是候选关键字

    D. 候选关键字中的属性不均为主属性

16. 下列说法不正确的是_____。

    A. 数据模型是用来表示实体之间的联系

    B. Visual FoxPro 属于宿主语言

    C. 层次模型是网状模型的特殊形式

    D. 层次模型是用树形结构表示数据之间的联系

17. 数据库的概念模型独立于_____。

    A. 具体的机器和 DBMS   B. E-R 图

    C. 信息世界   D. 现实世界

18. _____方法是数据库概念结构设计阶段常用的方法。

    A. E-R 实体联系法   B. 关系运算

    C. 代数运算   D. 数据迭代算法

19. 关系数据库管理系统所管理的关系是_____。

    A. 一个 DBF 文件   B. 若干个二维表

    C. 一个 DBC 文件   D. 若干个 DBC 文件

20. 在数据管理技术的发展过程中，经历了人工管理阶段、文件系统阶段和数据库系统阶段，在这几个阶段中，数据独立性最高的是_____阶段。

    A. 数据库系统   B. 文件系统   C. 人工管理   D. 数据项管理

21. 数据库系统与文件系统的主要区别是_____。

    A. 数据库系统复杂，而文件系统简单

B. 文件系统不能解决数据冗余和数据独立性问题，而数据库系统可以解决

C. 文件系统只能管理程序文件，而数据库系统能够管理各种类型的文件

D. 文件系统管理的数据量较少，而数据库系统可以管理庞大的数据量

22. 在数据库中，下列说法_____是不正确的。

A. 数据库避免了一切数据的重复

B. 若系统是完全可以控制的，则系统可确保更新时的一致性

C. 数据库中的数据可以共享

D. 数据库减少了数据冗余

23. _____是存储在计算机内有结构的数据的集合。

A. 数据库系统   B. 数据库

C. 数据库管理系统   D. 数据结构

24. 在数据库中存储的是_____。

A. 数据   B. 数据模型

C. 数据以及数据之间的联系   D. 数据结构

25. 数据库中，数据的物理独立性是指_____。

A. 数据库与数据库管理系统的相互独立

B. 用户程序与 DBMS 的相互独立

C. 用户的应用程序与存储在磁盘上数据库中的数据是相互独立的

D. 应用程序与数据库中数据的逻辑结构相互独立

26. 数据库的特点之一是数据的共享，严格地讲，这里的数据共享是指_____。

A. 同一个应用中的多个程序共享一个数据集合

B. 多个用户、同一种语言共享数据

C. 多个用户共享一个数据文件

D. 多种应用、多种语言、多个用户相互覆盖地使用数据集合

27. 对数据库进行创建、运行和维护的软件系统又叫做_____。

A. 数据库系统   B. 操作系统   C. 数据库管理系统   D. 数据库应用系统

28. 数据库系统的构成为：计算机硬件系统、计算机软件系统、数据、用户和_____。

A. 操作系统   B. 文件系统   C. 数据集合   D. 数据库管理人员

29. 用于实现数据库各种数据操作的软件是_____。

A. 数据软件   B. 操作系统   C. 数据库管理系统   D. 编译程序

30. 负责数据库系统建立和维护的专门工作人员称为_____。

A. DBA   B. CEO   C. CFO   D. CIO

31. 数据库 DB，数据库系统 DBS，数据库管理系统 DBMS 三者之间的关系是_____。

A. DBS 包括 DB 和 DBMS   B. DBMS 包括 DB 和 DBS

C. DB 包括 DBMS 和 DB   D. DBS 就是 DB，也就是 DBMS

32. 下列说法中，数据库系统的特点不包括_____。

A. 数据一致性   B. 数据共享

C. 使用专用文件   D. 具有数据的安全与完整性保障

33. 数据库系统的最大特点是_____。

A. 数据的三级抽象和二级独立性   B. 数据共享性

C. 数据的结构化   D. 数据独立性

34．子模式是_____。

    A．模式的副本
    B．内模式

    C．多个模式的集合
    D．以上三者都对

35．数据库三级模式体系结构的划分，有利于保持数据库的_____。

    A．数据独立性
    B．数据安全性

    C．结构规范化
    D．操作可行性

36．数据库管理系统中用于定义和描述数据库逻辑结构的语言称为_____。

    A．数据库模式描述语言(DDL)
    B．数据库子语言(SubDL)

    C．数据操纵语言(DML)
    D．数据结构语言

37．在数据库的三级模式结构中，描述数据库中全体逻辑结构和特性的是_____。

    A．外模式
    B．内模式

    C．存储模式
    D．模式

38．数据库技术中采用分级方法将它的结构划分成多个层次，是为了提高数据库的①和②。

    ①A．数据独立性   B．逻辑独立性   C．管理规范性   D．数据的共享

    ②A．数据独立性   B．物理独立性   C．逻辑独立性   D．管理规范性

39．在关系模型中，关系模型的集合是_____。

    A．概念模式   B．外模式   C．内模式   D．用户模式

40．按照软件工程的观点，数据库系统的生命周期可以划分为_____、数据库实施和数据库使用三个阶段。

    A．概念结构设计
    B．逻辑结构设计

    C．物理结构设计
    D．数据库设计

41．Visual FoxPro 关系数据库管理系统能够实现的三种基本关系运算是_____。

    A．索引、排序、查找
    B．建库、录入、排序

    C．选择、投影、连接
    D．显示、统计、复制

42．Visual FoxPro 支持的数据模型是_____。

    A．层次数据模型
    B．关系数据模型

    C．网状数据模型
    D．树状数据模型

43．Visual FoxPro 是_____。

    A．操作系统的一部分
    B．操作系统支持下的系统软件

    C．一种编译程序
    D．一种操作系统

44．设置 Visual FoxPro 的工作环境，可以通过_____。

    A．单击菜单"工具（T）"→"选项（O）"命令，在打开的"选项"对话框中设置

    B．单击菜单"编辑（E）"→"属性（R）"命令，在打开的"编辑属性"对话框中设置

    C．单击菜单"显示（V）"→"工具栏（T）"命令，在打开的"工具栏"对话框中设置

    D．单击菜单"编辑（P）"→"编译（M）"命令，在打开的"编译"对话框中设置

45．利用_____工具可以帮助用户逐步进行数据库、表单、报表等的设计。

    A．设计器   B．向导   C．生成器   D．工具栏

46．不是 Visual FoxPro 6.0 可视化编程工具的是_____。

    A．向导   B．生成器   C．设计器   D．程序编辑器

47．Visual FoxPro 支持与其他应用程序交换和共享数据，支持客户机/服务器应用程序连接，支持通过_____（开放数据库连接）驱动程序集成来自各个系统的数据。

A. ODBC   B. JDBC   C. SQL   D. OLE

48. VFP 中的"文件"菜单中的"关闭"命令是用来关闭_____。

A. 当前工作区中已打开的数据库   B. 所有已打开的数据库

C. 所有窗口   D. 当前活动窗口

49. 关于用户创建工具栏的如下说法中，哪一个是正确的_____。

A. 只能定制 Visual FoxPro 系统工具栏，不能自定义工具栏

B. 不能定制 Visual FoxPro 系统工具栏，但可以自定义工具栏

C. 既能定制 Visual FoxPro 系统工具栏，也能自定义工具栏

D. 只能使用系统工具栏，不能创建自定义工具栏

50. 把一个项目编译成一个应用程序时，下面的叙述正确的是_____。

A. 所有的项目文件将组合为一个单一的应用程序文件

B. 所有项目的包含文件将组合为一个单一的应用程序文件

C. 所有项目排除的文件将组合为一个单一的应用程序文件

D. 由用户选定的项目文件将组合为一个单一的应用程序文件

二、填空题

1. 指出下列英文缩写的含义。

①DML_____   ②DBMS_____   ③DDL_____   ④DBS_____

⑤SQL_____   ⑥DB_____   ⑦DD_____   ⑧DBA_____

⑨SDDL_____   ⑩PDDL_____

2. 按照数据结构的类型来命名，数据模型分为_____、_____和_____。

3. 经过处理和加工提炼而用于决策或其他应用活动的数据称为_____。

4. 实体与实体之间联系的方式有_____、_____、_____三种。

5. 数据模型是由_____、_____和_____三部分组成的。

6. 根据数据模型的应用目的不同，数据模型分为_____和_____。

7. 网状、层次数据模型与关系数据模型的最大区别在于表示和实现实体之间的联系的方法：网状、层次数据模型是通过指针链，而关系数据模型是使用_____。

8. 关系的直观解释是_____，在 FoxPro 中称关系为_____。

9. 关系代数运算中，专门的关系运算有_____、_____、和_____。

10. 对关系进行选择、投影或连接运算之后，运算的结果仍然是一个_____。

11. 二维表中的列称为关系的_____，二维表中的行称为关系的_____。

12. 关系是具有相同性质的_____的集合。

13. 关系数据库是采用_____作为数据的组织方式。

14. 数据管理技术经历了_____、_____和_____三个阶段。

15. 数据库是长期存储在计算机内、有_____的、可_____的数据集合。

16. DBMS 管理的是_____的数据。

17. 数据库管理系统的主要功能是_____、_____数据库的运行管理和数据库的建立以及维护等 4 个方面。

18. 开发、管理和使用数据库的人员主要有_____、_____、_____和最终用户 4 类相关人员。

19. 由_____负责全面管理和控制数据库系统。

20. 数据库系统与文件系统的本质区别是_____。

21．数据库应用系统的设计应该具有对于数据进行收集、存储、加工、抽取和传播等功能，即包括数据设计和处理设计，而_____是系统设计的基础和核心。

22．在关系模式中，概念模型是_____的集合，外模式是_____的集合，内模式是_____的集合。

23．在数据库体系结构中，数据库存储的改变会引起内模式的改变。为使数据库的模式保持不变，从而不必修改应用程序，必须通过改变模式与内模式之间的映象来实现。这样，使数据库具有_____。

24．数据库系统的核心是_____。

25．相对于其他数据管理技术，数据库系统具有_____、减少数据冗余、_____、_____的特点。

26．数据库设计的几个步骤是_____、_____、_____、_____、_____。

27．Visual FoxPro 6.0 支持两种工作方式，即_____和_____。其中第一种方式又分为_____和_____。

28．Visual FoxPro 是运行于 Windows 平台的_____系统；它既支持_____程序设计，又支持_____程序设计。

29．安装完 Visual FoxPro 之后，系统会自动用一些默认值来设置环境，要定制自己的系统环境，应单击_____菜单下的_____菜单项。

30．Visual FoxPro 6.0 是一个_____位的数据库管理系统。

31．在 Visual FoxPro 6.0 中，项目的扩展名为_____。

32．从系统文件开发的角度看，要组织管理应用系统的数据及其他资源，最好使用_____。

三、判断题

1．使用二维表来表示实体及实体之间联系的数据模型称为面向对象模型。 （ ）

2．自然连接是指在连接运算中，按照关键字段值对应相等为条件的连接操作。 （ ）

3．在 Visual FoxPro 中，有两种工作方式，即交互工作方式和程序工作方式，Visual FoxPro 6.0 支持面过程的程序设计方式，也支持面向对象的程序设计方式。 （ ）

4．在建立一对多关系中，要求一端表中的主索引字段值与多端表中的普通索引字段值相同。 （ ）

5．关系模式是对关系的描述，其描述格式为：关系名（属性名 1，属性名 2，…，属性名 n）。 （ ）

6．数据表中的关键字是人为确定的，不管它能不能唯一地标识一个记录。 （ ）

7．数据表中的关键字只能由一个属性（或字段）组成。 （ ）

8．在一个关系中任意交换两行的位置不影响数据的实际含义。 （ ）

9．在一个关系中任意交换两列的位置不影响数据的实际含义。 （ ）

10．设置 Visual FoxPro 工作环境有菜单和命令两种方式。 （ ）

【参考答案】

一、选择题

1．C　2．D　3．D　4．D　5．C　6．D　7．A　8．B　9．C

10．A　11．C　12．D　13．B　14．A　15．C　16．B　17．A　18．A

19．B　20．A　21．B　22．A　23．B　24．C　25．C　26．D　27．C

28．D　　29．C　　30．A　　31．A　　32．C　　33．A　　34．B　　35．A　　36．A

37．D　　38．BB　39．A　　40．D　　41．C　　42．B　　43．B　　44．A　　45．B

46．D　　47．A　　48．D　　49．C　　50．B

二、填空题

1．数据操作语言；数据库管理系统；数据描述语言；数据库系统；结构化查询语言；数据库；数据字典；数据库管理员；子模式数据描述语言；物理数据描述语言

2．层次模型；网址模型；关系模型

3．信息

4．一对多；多对多；一对一

5．数据结构；数据操作；完整性约束

6．概念模型；数据模型

7．关系

8．二维表；数据库文件

9．选择；投影；连接

10．关系

11．属性；元组

12．元组 或 记录

13．关系模型

14．人工管理、文件系统、数据库系统

15．组织；共享

16．结构化

17．数据定义功能、数据操纵功能

18．数据库管理员、系统分析员、应用程序员

19．数据库管理员

20．数据库系统实现了整体数据的结构化

21．数据设计

22．关系模式；关系子模式；存储模式

23．物理独立性

24．数据库管理系统

25．数据共享；数据有较高的独立性；加强了数据的安全性和完整性的保护

26．需求分析、概念设计、逻辑设计、物理设计、编码和测试

27．交互方式；程序执行方式；命令执行方式；菜单执行方式

28．数据库管理；面向过程；面向对象

29．工具；选项

30．32

31．.PJX

32．项目管理器

三、判断题

1．错　　　2．对　　　3．对　　　4．对　　　5．对

6．错　　　7．错　　　8．对　　　9．对　　　10．对

单元 11   数据及数据运算习题

一、选择题

1. 下列各种字符组合中，_____不是 FoxPro 中的字符型常量。
   A. 计算机应用　　　B. "ABCDE"　　　C. '1995'　　　　　D. [10.86]
2. Visual FoxPro 的数据类型不包括_____。
   A. 实数型　　　　　B. 备注型　　　　C. 逻辑型　　　　　D. 字符型
3. 变量名中不能包括_____。
   A. 字母　　　　　　B. 数字　　　　　C. 汉字　　　　　　D. 空格
4. Visual FoxPro 的变量分为两类，它们是_____。
   A. 简单变量和数值变量　　　　　B. 内存变量和字段变量
   C. 字符变量和数组变量　　　　　D. 一般变量和下标变量
5. 下面内存变量名中合法的是_____。
   A. ACS　123　　B. 64_98g　　　C. 计算机好　　　D. ZX#@$12
6. Visual FoxPro 系统中，属于严格日期格式的日期数据是_____。
   A. {^yyyy-mm-dd}　B. {yyyy-mm-dd}　C. {mm-dd-yyyy}　D. {dd-mm-yyyy}
7. 在 Visual FoxPro 中，1.8E-8 是一个_____。
   A. 数值常量　　　　B. 字符常量　　　C. 日期常量　　　　D. 非法的表达式
8. Visual FoxPro 内存变量的数据类型不包括_____。
   A. 数值型　　　　　B. 字符型　　　　C. 备注型　　　　　D. 逻辑型
9. 函数 INT(-3.415)的值是_____。
   A. -3.1415　　　　B. 3.1415　　　　C. -3　　　　　　　D. 3
10. 函数 VAL("16Year")的值是_____。
    A. 16.0　　　　　B. 16.00　　　　　C. 16.000　　　　　D. 16
11. 函数 INT(RAND( )*10)是在_____范围内的整数。
    A. (0，1)　　　　B. (1，10)　　　　C. (0，10)　　　　　D. (1，9)
12. 如果 x 是一个正实数，对 x 的第 3 位小数四舍五入的表达式为_____。
    A. 0.01*INT(x+0.005)　　　　　B. 0.01*INT(100*(x+0.005))
    C. 0.01*INT(100*(x+0.05))　　　D. 0.01*INT(x+0.05)
13. 数字式子 sin250 写成 Visual FoxPro 表达式是_____。
    A. SIN25　　　　B. SIN(25)　　　　C. SIN(250)　　　　D. SIN(25*PI()/180)
14. "x 是小于 100 的非负数" 用 Visual FoxPro 表达式表示是_____。
    A. 0≤x<100　　B. 0<=x<100　　C. 0<=X and x<100　D. 0=x OR x<100
15. 函数 STR(-304.75)的值是_____。
    A. -304　　　　B. 304　　　　　C. 305　　　　　　D. -305

16. 函数 INT(数值表达式)的功能是_____。
    A. 按四舍五入取数值表达式的整数部分
    B. 返回数值表达式值的整数部分
    C. 返回不大于数值表达式的最大整数
    D. 返回不小于数值表达式的最小整数

17. 设有变量 pi=3.1415926,执行命令?ROUND(pi,3)的显示结果为_____。
    A. 3.141   B. 3.142   C. 3.140   D. 3.000

18. 欲从字符串"电子计算机"中取出"计算机",下面语句正确的是_____。
    A. SUBSTR("电子计算机",3,3)   B. SUBSTR("电子计算机",3,6)
    C. SUBSTR("电子计算机",5,3)   D. SUBSTR("电子计算机",5,6)

19. 函数 UPPER("FoxPro")的值是_____。
    A. FOXPRO   B. foxpro   C. FoxPro   D. Foxpro

20. 函数 MOD(21,5)的值为_____。
    A. 4   B. -4   C. 1   D. -1

21. 在下列函数中,函数值为数值的是_____。
    A. AT("人民","中华人民共和国")   B. CTOD("01/01/96")
    C. BOF()   D. SUBSTR(DTOC(DATE()),7)

22. STR(109.87,7,3)的值是_____。
    A. 109.87   B. "109.87"   C. 109.870   D. "109.870"

23. 表达式 VAL(SUBSTR("本年第2期",7,1))*LEN("他!我")结果是_____。
    A. 0   B. 2   C. 8   D. 10

24. CTOD("98/09/28")的值应该为_____。
    A. 1998 年 9 月 28 日   B. 98/09/28
    C. {98/09/28}   D. "98-09-28"

25. 下列选项中得不到字符型数据的是_____。
    A. DTOC(DATE())   B. DTOC(DATE(),1)
    C. STR(123,567)   D. At("1",STR1321)

26. 当前记录号可用函数_____求得。
    A. EOF()   B. BOF()   C. RECC()   D. RECN()

27. 假定 M=[22+28],则执行命令? M 后屏幕将显示_____。
    A. 50   B. 22+28   C. [22+28]   D. 10

28. 设 R=2, A="3*R*R",则 &A 的值应为_____。
    A. 0   B. 不存在   C. 12   D. -12

29. 命令 Y=YEAR({12/15/99})执行后,内存变量 Y 的值是_____。
    A. 1999   B. 05   C. 2099   D. 出错信息

30. 设当前数据库有 10 条记录(记录未进行任何索引),在下列三种情况下,当前记录号为 1
时;EOF()为真时;BOF()为真时,命令?RECN()的结果分别是_____。
    A. 1,11,1   B. 1,10,1   C. 1,11,0   D. 1,10,0

31. 命令 DIME array(5,5)执行后,array(3,3)的值为_____。
    A. 0   B. 1   C. .T.   D. .F.

32. 用 DIMENSION P(2)定义了一个数组,接着执行命令?TYPE("P(1)"),其结果是_____。

A. L   B. N   C. C   D. U

33. 下面关于 Visual FoxPro 数组的叙述中，错误的是_____。

 A. 用 DIMENSION 和 DECLARE 都可以定义数组

 B. Visual FoxPro 只支持一维数组和二维数组

 C. 一个数组中各个数组元素必须是同一种数据类型

 D. 新定义数组的各个数组元素初值为.F.

34. (2001-9-20)-(2001-9-10)+4^2 的结果是_____。

 A. 26   B. 6   C. 18   D. -2

35. 表达式 2*3^2+2*8/4+3^2 的值为_____。

 A. 64   B. 31   C. 49   D. 22

36. 下列表达式中不符合 VFP 规则的是_____。

 A. {04/05/97}   B. T+T   C. VAL("1234")   D. 2X>15

37. 在逻辑运算中，依照_____运算原则。

 A. NOT－OR－AND   B. NOT－AND－OR

 C. AND－OR－NOT   D. OR－AND－NOT

38. 已知 D1 和 D2 为日期型变量，下列 4 个表达式中非法的是_____。

 A. D1-D2   B. D1+D2   C. D1+28   D. D1-36

39. 下列 4 个表达式中，错误的是_____。

 A. "姓名："+姓名   B. "性别："+性别

 C. "工资："-工资   D. 姓名="是工程师"

40. 以下四条语句中，正确的是_____。

 A. a=1,b=2   B. a=b=1   C. store 1 to a,b   D. store 1,2 to a,b

41. 设 X="ABC"，Y="ABCD"，则下列表达式中值为.T.的是_____。

 A. X=Y   B. X==Y   C. X $ Y   D. AT(X，Y)=0

42. 已知字符串 M="12 34"，N="56 78"。则连接运算 M-N 的运算结果为_____。

 A. "12 3456 78"   B. "12 34 56 78"

 C. "1234 56 78"   D. "123456 78"

43. 设字段变量 job 是字符型的，pay 是数值型的，能够表达"job 是处长且 pay 不大于 1000 元"的表达式是_____。

 A. job=处长.AND. pay>1000   B. job="处长".AND. pay<1000

 C. job="处长".AND. pay<=1000   D. job=处长.AND. pay<=1000

44. 关于 FoxPro 中的运算符优先级，下列选项中不正确的是_____。

 A. 算术运算符的优先级高于其他类型的运算符

 B. 字符串运算符"＋"和"－"优先级相等

 C. 逻辑运算符的优先级高于关系运算符

 D. 所有关系运算符的优先级都相等

45. 职工数据库中有 D 型字段"出生日期"，要计算职工的整数实际年龄，应当使用命令_____。

 A. ?DATE()-出生日期/365   B. ?(DATE()-出生日期)/365

 C. ?INT((DATE()-出生日期)/365)   D. ?ROUND((DATE()-出生日期)/365

46. 执行下列命令序列后，变量 NDATE 的显示值为_____。

74

```
STORE  {^1999-08-06} to MDATE
NDATE=MDATE+2
?NDATE
STORE  {99/08/06}  TO  MDATE
NDATE=MDATE+2
? NDATE
```
    A．06/08/99   B．08/06/99   C．99-08-06   D．99-06-08

47．顺序执行下列命令：
```
x=100
y=8
x=x+y
?x,  x=x+y
```
最后一条命令的显示结果是_____。

    A．100 ．F.   B．100 ．E.   C．108 ．T.   D．108 ．F.

48．假定 X 为 N 型变量，Y 为 C 型变量，则下列选项中符合 FoxPro 语法要求的表达式是_____。

    A．.NOT.X>=Y   B．Y*2>10   C．X-001   D．STR(X)-Y

49．可以比较大小的数据类型包括_____。

    A．数值型、字符型、日期型、逻辑型   B．数值型、字符型、日期型

    C．数值型、字符型   D．数值型

50．职工数据库中有 D 型字段"出生日期"，要显示职工生日的月份和日期可以使用命令_____。

    A．? 姓名+Month(出生日期)+ "月"+DAY(出生日期)+ "日"

    B．? 姓名+STR(Month(出生日期))+ "月"+DAY(出生日期)+ "日"

    C．? 姓名+STR(Month(出生日期))+ "月"+STR(DAY(出生日期))+ "日"

    D．? 姓名+SUBSTR(出生日期，4，2)+SUBSTR(出生日期，7，2)

51．设 A=" abcd " +space(5)，B=" efgh "，则 A-B 的结果与下列_____ 选项的结果相同。

    A．" abcd " +space(5)+ " efgh "   B．" abcd " + " efgh "

    C．" abcd " + " efgh " +space(5)   D．" abcd " + " efgh " +space(1)

52．假定字符串变量 A=" 123 "，B=" 234 "，下列表达式正确的是_____。

    A．.NOT.(A=B).OR.B$(" 13579 ")   B．A$(" ABC ").AND.(A<>B)

    C．.NOT.(A<>B)   D．.NOT(A<=B)

53．下列各表达式中，结果总是逻辑型的是_____。

    A．算术运算表达式   B．字符运算表达式

    C．日期运算表达式   D．关系运算表达式

54．下列逻辑运算，结果是假的是_____。

    A．? " ABCDE " == " ABCDE "   B．NOT(ROUND(123,456,2))<INT(123,45))

    C．{95-05-01}+45>{96-06-26}   D．" ABC " < " ABCDEF "

55．假定 X=3，执行命令?X=X+1 后，其结果是_____。

    A．4   B．3   C．.T.   D．.F.

56．假定 X=2，Y=5，执行下列运算后，能够得到数值型结果的是_____。

    A．?X=Y-3   B．?Y-3=X   C．X=Y   D．X+3=Y

二、填空题

1．如果一个表达式中包含算术运算、关系运算、逻辑运算和函数时，则运算的优先次序是_____、_____、_____。

2．字符型常量是用定界符括起来的字符串。字符型常量的定界符有半角_____、_____或_____等三种。

3．内存变量的类型不是固定的，内存变量的类型取决于_____的类型，即可以把不同类型的变量值赋值给同一内存变量。

4．字段变量与内存变量同名时，区分方法是_____。

5．?AT(" + "，" a+b=c ")，显示结果为_____。

6．?LEN(TRIM(" 国庆 " + " 假期□□ "))，显示结果为_____。

7．?CTOD(" 99-01-01 ")-365，显示结果为_____。

8．备注型数据长度固定为_____个字节，备注文件以_____为扩展名。

9．1997 年 7 月 1 日用日期型常量表示为_____。

10．?YEAR({99-12-30})，显示结果为_____。

11．FoxPro 中的数组元素下标从_____开始。

12．表达式 " World " $ " World Wide Web " 的结果为_____。

13．表达式 " Win " = " Winword " 的结果为_____。

14．设 X=36,Y=" 石油 "，Z=.T.
　① 表达式 YEAR(CTOD(" 05/19/2002 "))的值是_____；
　② 表达式 " 中国 " -Y 的值是_____；
　③ 表达式 SUBS(Y，3,2)的值是_____；
　④ 表达式 X>0.OR.Y= " ABC " 的值是_____；
　⑤ 表达式 INT(X/100)的值是_____；
　⑥ 表达式 " 开发 " $Y 的值是_____；
　⑦ 表达式 X>100.OR..NOT.Z 的值是_____；
　⑧ 表达式 " 中国 " +Y 的值是_____；
　⑨ 表达式 " 油 " $Y 的值是_____；
　⑩ 表达式 STUFF(Y，3,2， " 工学院 ")的值是_____；
　⑪ 表达式 " a " > " A " 的值是_____；
　⑫ 表达式 MOD(X，-5)的值是_____；
　⑬ 表达式 REPLICATE(" -- "，X/6)的值是_____；
　⑭ 表达式 TYPE('X+Y')的值是_____；
　⑮ 表达式 TYPE('Y')的值是_____。

15．显示当前内存变量的命令为_____。

16．1960 年以前出生的教授的逻辑表达式是_____。

17．年龄大于 50 岁或小于 20 岁的技术员的逻辑表达式是_____。

18．定义一个两行三列的二维数组 array,使用命令_____。

19．{99-12-20}>{99-12-10}的结果为_____。

20．表达式 3+3>=6.OR. 3+3>5.AND. 2+3=5 的结果为_____。

三、判断题

1. 自由表字段名和内存变量的最大长度都是 10 个英文字符长。 （　　）

2. 在输入日期型数据时，可以不用进行任何设置，就可以对变量进行任何格式日期数据的赋值。 （　　）

3. 将当前内存变量中以 w 开头的内存变量名保存到 mar 中，正确的命令是：SAVE TO mar LIKE W*。 （　　）

4. 要想显示以 x 开头的所有内存变量，正确的命令是：LIST MEMORY LIKE x*或 DISPLAY MEMORY LIKE x*。 （　　）

5. 如果当前打开的数据表中某一字段名与当前某一内存变量重名，则内存变量优先于字段变量名。 （　　）

6. 算术运算符、逻辑运算符、关系运算符不能同时出现在一个表达式中。 （　　）

7. 在书写表达式时，中文标点符号和英文标点符号都可以作为 Visual FoxPro 命令中的分界符。 （　　）

8. 测试函数的结果都是逻辑值。 （　　）

【参考答案】

一、选择题

1. A　2. A　3. D　4. B　5. C　6. A　7. A　8. C　9. C
10. B　11. C　12. B　13. D　14. C　15. D　16. B　17. B　18. D
19. A　20. C　21. A　22. C　23. D　24. C　25. C　26. D　27. B
28. C　29. A　30. A　31. D　32. A　33. C　34. B　35. B　36. D
37. B　38. B　39. C　40. C　41. C　42. A　43. C　44. C　45. C
46. A　47. D　48. D　49. B　50. C　51. C　52. A　53. D　54. C
55. D　56. C

二、填空题

1. 函数　算术运算　关系运算　逻辑运算
2. 单引号　双引号　方括号
3. 变量值
4. 在变量名前加上前缀 "M->" 或 "M." 表示内存变量
5. 2　　　6. 8　　　7. 98-01-01　　　8. 4fpt　　　9. {^1997-07-01}
10. 1999　　11. 1　　12. .T.　　　13. .F.
14. ①2002　　②"中国石油"　③ "油"　　④.T.,　⑤0
　　⑥.F.　　⑦.F.　　⑧"中国　石油"　⑨.T.　⑩"石工学院"
　　⑪.T.　　⑫-4　　⑬12 个 "-" 符　⑭U　⑮C
15. LIST MEMORY 或 DISPLAY MEMORY
16. 出生日期<{01/01/1960}.AND.职称=" 教授 "
17. (年龄>50. OR. 年龄<20).AND.职称=" 技术员 "
18. DIMENSION array(2,3)或 DECLARE array(2,3)
19. .T.　　　20. .T.

三、判断题

1. 错　2. 错　3. 对　4. 对　5. 错　6. 错　7. 错　8. 错

单元 12　Visual FoxPro 数据库与表习题

一、选择题

1. 下列不能作为字段名的是_____。
   A. 价格　　　　　　B. 5-价格　　　　　　C. 价格-A　　　　　　D. 价格-5
2. 某数值型字段的宽度为 9 位，小数位数为 3 位，则该字段的最大值是_____。
   A. 999999999　　B. 999　　　　　C. 999999.999　　　D. 99999.99
3. 表 ST.DBF 对应的备注文件是_____。
   A. ST.FTP　　　　B. ST.FPT　　　　C. ST.DBC　　　　D. ST.QPR
4. 下列叙述正确的是_____。
   A. 只能打开一个数据库　　　　　　　　B. 备注字段的数据保存在表文件中
   C. 可以使用多个工作区打开多个表　　D. 一个工作区可以同时打开多个表
5. 下列叙述正确的是_____。
   A. 索引改变记录的物理顺序　　　　　　B. 索引改变记录的逻辑顺序
   C. 索引要建立一个新表　　　　　　　　D. 创建索引不建立新文件
6. 下列叙述正确的是_____。
   A. 只有数据库表才能建立主索引　　　　B. 自由表可以建立主索引
   C. 索引文件可以单独使用　　　　　　　D. 索引文件不能自动打开
7. 下列关于数据库表的叙述中，错误的是_____。
   A. 一个数据库表只能属于一个数据库
   B. 一个数据库表可以属于多个数据库
   C. 数据库表可以移出数据库成为自由表
   D. 自由表可以添加到数据库成为数据库表
8. 每个字段有 4 个属性，下面哪个不是字段的属性_____。
   A. 字段名　　　　B. 字段类型　　　　C. 字段宽度　　　D. 字段属性
9. 命令 SELECT 0 的功能是_____。
   A. 选择区号最大的空闲工作表　　　　B. 选择当前工作区的区号加 1 的工作区
   C. 随机选择一个工作区的区号　　　　D. 选择区号最小的空闲工作区
10. 下面关于数据库表和自由表的叙述，错误的是_____。
   A. 数据库表是属于某个数据库的表　　B. 自由表不是属于某个数据库的表
   C. 数据库表和自由表可以相互转换　　D. 数据库表和自由表不能相互转换
11. 下面关于表的叙述中，错误的是_____。
   A. Visual FoxPro 可以打开多个表　　B. Visual FoxPro 可以使用多个表的数据
   C. Visual FoxPro 可以有多个当前表　　D. Visual FoxPro 只能有一个当前表
12. 下列哪种方法不能关闭数据库_____。

A．在项目管理器中选择某个数据库，再选择"关闭"按钮

B．关闭数据库设计器

C．执行"CLOSE DATABASE"命令

D．执行"CLOSE ALL"命令

13．命令 ZAP 的作用是_____。

A．将当前工作区内打开的表文件中所有记录加上删除标记

B．将当前工作区内打开的表文件删除

C．将当前工作区内打开的表文件中所有记录作物理删除

D．将当前工作区内打开的表文件结构删除

14．Visual FoxPro 的数据库文件是_____。

A．存放用户数据的文件

B．管理数据库对象的文件

C．存放用户数据和管理数据库对象的文件

D．前三种说法都对

15．以下关于自由表的说法，正确的是_____。

A．自由表全都是用以前版本的 FoxPro（FoxBASE）建立的表

B．自由表全都可以用 Visual FoxPro 建立，但是不能把它添加到数据库中

C．自由表可以添加到数据库中，数据库表也可以从数据库中移出成为自由表

D．自由表可以添加到数据库中，但数据库表不可以从数据库中移出成为自由表

16．以下关于工作区的叙述，正确的是_____。

A．一个工作区上只能打开一个表

B．一个工作区上可以同时打开多个表

C．一个工作区上可以同时打开多个表，但任一时刻只能打开一个表

D．使用 OPEN 命令可以在指定的工作区上打开表

17．打开表设计器，错误的操作是_____。

A．在项目管理器中先选择某个表，再选择"浏览"按钮

B．在项目管理器中先选择某个表，再选择"修改"按钮

C．先打开一个表，再选择"显示"菜单的"表设计器"命令

D．在数据库设计器中选择一个表，再选择"数据库"菜单的"修改"命令

18．打开浏览窗口浏览编辑数据，错误的是_____。

A．在项目管理器中先选择一个表，再选择"浏览"按钮

B．在项目管理器中先选择一个表，再选择"预览"按钮

C．先打开一个表，再选择"显示"菜单的"浏览"命令

D．在数据库设计器中选择一个表，再选择"数据库"菜单的"浏览"命令

19．下面关于追加记录的叙述，错误的是_____。

A．APPEND 命令可以在指定表的末尾追加记录

B．APPEND BLANK 命令可以在当前表的末尾追加一条空记录

C．INSERT INTO 命令可以向指定的表追加一条记录

D．APPEND FROM 命令可以把其他表文件中的数据追加到当前表文件中

20．逻辑删除记录可以使用的方法有_____。

A．选择"表"菜单中的"彻底删除"命令

B. 选择"表"菜单中的"删除记录"命令

C. 选择"编辑"菜单中的"剪切"命令

D. 选择"编辑"菜单中的"清除"命令

21. 下列关于索引的说法，错误的是_____。

    A. 只有数据库表才能建立主索引

    B. 只有数据库表才能建立候选索引

    C. 数据库表和自由表都可以建立普通索引

    D. 数据库表和自由表都可以建立唯一索引

22. 下列关于索引的说法，错误的是_____。

    A. 索引改变记录的物理顺序   B. 索引改变记录的逻辑顺序

    C. 一个表可以建立多个索引   D. 一个表可以建立多个唯一索引

23. 下列关于索引的说法，错误的是_____。

    A. 唯一索引的索引关键字不允许出现重复值

    B. 主索引的索引关键字不允许出现重复值

    C. 候选索引的索引关键字不允许出现重复值

    D. 普通索引的索引关键字允许出现重复值

24. 下列关于创建索引的叙述，错误的是_____。

    A. 在表设计器"索引"选项中可以建立索引

    B. 在表设计器"字段"选项中可以建立索引

    C. 使用 INDEX 命令可以建立索引

    D. 使用 CREATE 命令可以建立索引

25. 工资按降序排列，建立索引文件 DSGZ.IDX 的命令是_____。

    A. INDEX ON 工资/D TO DSGZ   B. SET INDEX ON-工资 TO DSGZ

    C. INDEX ON -工资 TO DSGZ   D. REINDEX ON 工资 TO DSGZ>IDX

26. 在"选项"对话框的"文件位置"选项卡中可以设置_____。

    A. 表单的默认大小   B. 默认目录

    C. 日期和时间的显示格式   D. 程序代码的颜色

27. 项目管理器的"数据"选项卡用于显示和管理_____。

    A. 数据库，自由表和查询   B. 数据库，视图和查询

    C. 数据库，自由表，查询和视图   D. 数据库，表单和查询

28. 项目管理器的"文档"选项卡用于显示和管理_____。

    A. 表单，报表和查询   B. 数据库，表单和报表

    C. 查询，报表和视图   D. 表单，报表和标签

29. 表文件有 20 条记录，当前记录号为 10，执行命令 LIST NEXT 5 以后，所显示记录的序号是_____。

    A. 11~15   B. 11~16   C. 10~15   D. 10~14

30. 若表文件含有备注型或通用型字段，则在打开表文件的同时，自动打开扩展名为_____的文件。

    A. FRX   B. FMT   C. FRT   D. FPT

31. 可以在 BROWSE 浏览窗口中，按 CTRL+T 键实现_____操作。

    A. 逻辑删除记录和物理删除记录   B. 逻辑恢复记录和物理恢复记录

C. 逻辑删除记录和逻辑恢复记录　　　　D. 物理删除记录和物理恢复记录

32. 在 Visual FoxPro 6.0 处于创建或编辑自由表、程序等文件时，系统处于"全屏幕编辑状态"，欲存盘退出，正确的操作是_____。

    A. 按组合键 Ctrl+W　　　　　　　　　B. 按组合键 Ctrl+U

    C. 按组合键 Ctrl+End　　　　　　　　D. 按 Esc 键

33. 在 Visual FoxPro 6.0 数据表中，用于存放图像、声音等多媒体对象的数据类型是_____。

    A. 备注型　　　　B. 通用型　　　　C. 逻辑型　　　　D. 字符型

34. 对多表进行操作时，选择工作区所使用的命令为_____。

    A. USE　　　　B. OPEN　　　　C. SELECT　　　　D. CREATE

35. 在 Visual FoxPro 6.0 中，打开数据库使用的命令为_____。

    A. USE　　　　B. SELECT　　　　C. OPEN　　　　D. CREATE

36. 在 Visual FoxPro 6.0 中，以共享方式打开一个数据库需使用的参数是_____。

    A. EXCLUSIVE　　B. SHARED　　　　C. NOUPDATE　　　D. VALIDATE

37. 对表文件建立索引，可使用命令_____。

    A. SORT　　　　B. UPDATE　　　　C. INDEX　　　　D. JOIN

38. 表中相对移动记录指针和绝对移动记录指针的命令分别为_____。

    A. Locate 和 Skip　　　　　　　　　B. Locate 和 Go

    C. Skip 和 Go　　　　　　　　　　　D. Locate 和 Find

39. 在表的操作中，DELETE 命令的作用是_____。

    A. 将记录从表中彻底删除　　　　　　B. 只给要删除的记录做删除标志

    C. 不能删除记录　　　　　　　　　　D. 删除整个表中的记录

40. 主索引字段_____。

    A. 不能出现重复值或空值　　　　　　B. 能出现重复值

    C. 能出现空值　　　　　　　　　　　D. 不能出现重复值，但能出现空值

41. 在 Visual FoxPro 6.0 的表结构中，逻辑型、日期型和备注型字段的宽度分别为_____。

    A. 1,8,10　　　　B. 1,8,4　　　　C. 3,8,10　　　　D. 3,8,任意

42. 顺序执行下列命令后，最后一条命令显示结果是_____。

```
use CHJ
Go 5
Skip -20
?Recno()
```

    A. 3　　　　　　B. 4　　　　　　C. 5　　　　　　D. 7

43. 在浏览窗口打开的情况下，若要向当前表中连续添加多条记录应使用_____。

    A. "显示"菜单中的"追加方式"　　　　B. "表"菜单中的"追加新记录"

    C. "表"菜单中的"追加记录"　　　　　D. 快捷键 Ctrl+Y

44. 下列关于索引的叙述中错误的是_____。

    A. Visual FoxPro 中的索引类型共有 4 种，分别是主索引、候选索引、普通索引和唯一索引

    B. 在用命令方式建立索引时，可以建立普通索引，惟一索引(UNIQUE)或候选索引(CANDIDATE)，但是不能建立主索引

    C. 在表设计器的字段选项卡中建立的索引默认为普通索引

D. 在数据库设计器中建立两表之间的永久关系时，只须在父表中建立主索引，然后拖动该索引项到子表中的相应字段上即可

45. 执行以下命令序列

```
CLOSE ALL
SELECT B
USE TABLE1
SELECT 0
USE TABLE2
SELECT 0
USE TABLE3
```

后，TABLE3 表所在的工作区号为_____。

 A. 0   B. 1   C. 2   D. 3

46. 把学生数据表 STA.DBF 的学号和姓名字段的数据复制成另一表文件 STB.DBF，应使用命令_____。

 A. USE STA

  COPY TO STB FIELDS 学号,姓名

 B. USE STB

  COPY TO STA FIELDS 学号,姓名

 C. COPY STA TO STB FIELDS 学号,姓名

 D. COPY STB TO STA FIELDS 学号,姓名

47. 在以下命令序列中，总能实现插入一条空记录并使其成为第八条记录的是_____。

 A. SKIP 7

 B. GOTO 7

  INSERT BLANK

 C. LOCATE FOR RECNO()=8

 D. GOTO 7

  INSERT BLANK BEFORE

48. 创建自由表结构时，在各栏目之间移动光标的不正确操作为_____。

 A. 单击某一栏目   B. 按 Tab 键

 C. 按组合键 Shift+Tab 键   D. 按回车键

49. 表 DEMO.DBF 中包含有备注型字段，该表中所有备注字段均存储到备注文件中，该备注文件是_____。

 A. DEMO.TXT   B. DEMO.FMT

 C. DEMO.FPT   D. DEMO.BAT

50. 下列命令中，仅复制表文件结构的命令是_____。

 A. COPY TO   B. COPY STRUCTURE TO

 C. COPY FILE TO   D. COPY STRUCTURE TO EXETENDED

51. 在命令窗口中，显示当前数据库中所有 40 岁(含 40 岁)以下，职称为"教授"，"副教授"的姓名和工资，应使用命令_____。

 A. LIST FIEL 姓名,工资 FOR 年龄<=40 AND 职称=" 教授 " AND 职称=" 副教授 "

 B. LIST FIEL 姓名,工资 FOR 年龄<=40 OR 职称=" 教授 " OR 职称=" 副教授 "

C. LIST FIEL 姓名,工资 FOR 年龄<=40 AND (职称= " 教授 " OR 职称= " 副教授 ")

D. LIST FIEL 姓名,工资 FOR 年龄<=40 OR (职称= " 教授 " AND 职称= " 副教授 ")

52. 要求表文件某数值型字段的整数是 4 位,小数是 2 位,其值可能为负数,该字段的宽度应定义为_____。

  A. 8 位   B. 7 位   C. 6 位   D. 4 位

53. 要使学生数据表中不出现同名学生的记录,需要建立_____。

  A. 字段有效性规则   B. 属性设置

  C. 记录有效性规则   D. 设置触发器

54. 如果要给当前表增加一个字段,应使用的命令是_____。

  A. APPEND   B. MODIFY STRUCTURE

  C. INSERT   D. CHANGE

55. 当前数据表文件的出生日期字段为日期型,另有一个数值型的年龄字段,现要根据出生日期按年计算年龄,并写入年龄字段,应该使用命令_____。

  A. REPLACE ALL 年龄 WITH YEAR(DATE())-YEAR(出生日期)

  B. REPLACE ALL 年龄 WITH DATE()-出生日期

  C. REPLACE ALL 年龄 WITH DTOC(DATE())-DTOC(出生日期)

  D. REPLACE ALL 年龄 WITH VAL(DTOC(DATE()))-VAL(DTOC(出生日期))

56. 关于数据库表与自由表的转换,下列说法中正确的是_____。

  A. 数据库表能转换为自由表,反之不能

  B. 自由表能转换成数据库表,反之不能

  C. 两者不能转换

  D. 两者能相互转换

57. 在表中建立索引,使用的命令为_____。

  A. SORT   B. UPDATE   C. INDEX   D. JOIN

58. 在 Visual FoxPro6.0 中,打开数据库和表的命令分别为_____。

  A. USE,OPEN B. SELECT,CREAT C. OPEN,USE D. CREAT,OPEN

59. 执行 LIST NEXT 1 命令之后,记录指针的位置指向_____。

  A. 下一条记录 B. 原来记录 C. 尾记录 D. 首记录

60. 扩展名为 DBC 的文件是_____。

  A. 表单文件 B. 数据库表文件 C. 数据库文件 D. 项目文件

61. 下面有关索引的描述正确的是_____。

  A. 建立索引以后,原来的数据库表文件中记录的物理顺序将被改变

  B. 索引与数据库表的数据存储在一个文件中

  C. 创建索引是创建一个由指向数据库表文件记录的指针构成的文件

  D. 使用索引并不能加快对表的查询操作

62. 若建立索引的字段值不允许重复,并且一个表中只能创建一个。它应该是_____。

  A. 主索引 B. 唯一索引 C. 候选索引 D. 普通索引

63. 参照完整性的规则不包括_____。

  A. 更新规则 B. 删除规则 C. 插入规则 D. 检索规则

64. 打开一个数据库的命令是_____。

  A. USE   B. USE DATABASE C. OPEN D. OPEN DATABASE

65. 把一个数据库表从数据库移出时，_____。

    A. 一旦移出，将从磁盘中消失

    B. 丢失了表中的数据

    C. 变成了一个自由表，仍保留原来在数据库中定义的长表名

    D. 丢失了在数据库中建立的表间的关系

66. 要为当前表所有职工增加 100 元工资，应该使用命令_____。

    A. CHANGE 工资 WITH 工资+100

    B. REPLACE 工资 WITH 工资+100

    C. CHANGE ALL 工资 WITH 工资+100

    D. REPLACE ALL 工资 WITH 工资+100

67. 以下关于自由表的叙述，正确的是_____。

    A. 全部是用以前版本的 FoxPro(FoxBASE)建立的表

    B. 可以用 Visual FoxPro 建立，但是不能把它添加到数据库中

    C. 自由表可以添加到数据库中，数据库表也可以从数据库中移出成为自由表

    D. 自由表可以添加到数据库中，但是数据库表不可以从数据库中移出成为自由表

68. 要在当前库文件的当前记录之后插入一条新记录，应该使用命令_____。

    A. APPEND   B. EDIT   C. CHANGE   D. INSERT

69. MODIFY STRUCTURE 命令的功能是_____。

    A. 修改字段的类型   B. 增加新的字段

    C. 修改字段的名称   D. 修改表文件的结构

70. DELETE 命令的作用是_____。

    A. 为当前记录做删除标记   B. 直接物理删除当前记录

    C. 删除当前数据库文件的所有记录   D. 在提问确认后物理删除当前记录

71. 与命令 LIST FIELDS 姓名,性别,出生日期不等效的命令是_____。

    A. LIST   姓名,性别,出生日期

    B. LIST   ALL   FIELDS 姓名,性别,出生日期

    C. DISPLAY   FIELDS   姓名,性别,出生日期

    D. DISPLAY   ALL 姓名,性别,出生日期

72. 当前表中，"体育达标"字段为逻辑类型，要显示所有未达标的记录应使用命令_____。

    A. LIST FOR 体育达标= ".f."   B. LIST FOR 体育达标<>.f.

    C. LIST FOR NOT 体育达标   D. LIST FOR 体育达标=.f.

73. 要从某表文件中真正删除一条记录，应当_____。

    A. 先用 DELETE 命令，再用 ZAP 命令

    B. 直接用 ZAP 命令

    C. 先用 DELETE 命令，再用 PACK 命令

    D. 直接用 DELETE 命令

74. 在 Visual FoxPro 中可以同时使用_____个工作区。

    A. 10   B. 225   C. 32767   D. 无限制

75. 同一个表所有备注字段的内容存储在_____。

    A. 该表文件中   B. 不同的备注文件

    C. 同一个备注文件   D. 同一个数据库文件

76. 在"显示"下拉菜单中，单击"追加方式"选项，将在当前表_____。
    A. 中插入一个空记录　　　　　　　　B. 尾增加一个空记录
    C. 中进入追加状态　　　　　　　　　D. 上弹出追加对话框
77. 对表结构的修改是在下面哪一个对话框中完成的_____。
    A. 表设计器　　　　　　　　　　　　B. 数据库设计器
    C. 表达式生成器　　　　　　　　　　D. 浏览窗口
78. 在向数据库添加表的操作中，下列叙述中不正确的是_____。
    A. 可以将一张"独立的"表添加到数据库中
    B. 可以将一个已属于一个数据库的表添加到另一个数据库中
    C. 可以在数据库设计器中新建一个表使其成为数据库表
    D. 欲使一个数据库表成为另外一个数据库的表，则必须先使它成为自由表
79. 若要控制数据库表中学号字段只能输入数字，则应设置_____。
    A. 显示格式　　　　　　　　　　　　B. 输入掩码
    C. 字段有效性　　　　　　　　　　　D. 记录有效性
80. 在下列命令中，不具有修改记录功能的是_____。
    A. Edit　　　　　B. Replace　　　　　C. Browse　　　　D. Modi Stru
81. 显示表中所有教授和副教授记录的命令是_____。
    A. LIST FOR 职称=" 教授 " AND 职称=" 副教授 "
    B. LIST FOR 职称>=" 副教授 "
    C. LIST FOR 职称=" 教授 " OR " 副教授 "
    D. LIST FOR " 教授 " $职称
82. 数据表中共有 100 条记录，当前记录为第 10 条，执行 list next 5 以后，当前记录为_____。
    A. 10　　　　　　B. 14　　　　　　C. 15　　　　　　D. EOF
83. Visual FoxPro 中，主索引可在_____中建立。
    A. 自由表　　　　B. 数据库表　　　　C. 任何表　　　　D. 自由表和视图
84. 在生成参照完整性中，设置更新操作规则时选择了"限制"选项卡后，则_____。
    A. 在更新父表时，用新的关键字值更新子表中的所有相关记录
    B. 在更新父表时，若子表中有相关记录则禁止更新
    C. 在更新父表时，若子表中有相关记录则允许更新
    D. 允许更新父表，不管子表中的相关记录
85. 在 Visual FoxPro 中，SORT 命令和 INDEX 命令的区别是：_____。
    A. 前者按指定关键字排序，而后者按指定记录排序
    B. 前者按指定记录排序，而后者按指定关键字排序
    C. 前者改变了记录的物理位置，而后者却不改变
    D. 后者改变了记录的物理位置，而前者却不改变
86. 假定表中有 10 条记录，执行下列命令后记录指针指向_____。
GO BOTTOM
SKIP -7
LIST NEXT 5
    A. 7 号记录　　　　B. 8 号记录　　　　　C. 9 号记录　　　　D. 10 号记录

87. 在 Visual FoxPro 中,不能修改备注字段内容的命令是_____。

    A. REPLACE   B. BROWSE   C. CHANGE   D. EDIT

88. 在 Visual FoxPro 中,下列关于表的叙述正确的是_____。

    A. 在数据库表和自由表中,都能给字段定义有效性规则和默认值

    B. 在自由表中,能给字段定义有效性规则和默认值

    C. 在数据库表中,能给字段定义有效性规则和默认值

    D. 在数据库表和自由表中,都不能给字段定义有效性规则和默认值

89. Visual FoxPro 的"参照完整性"中"插入规则"包括的选择是_____。

    A. 级联和忽略   B. 级联和删除

    C. 级联和限制   D. 限制和忽略

90. Visual FoxPro 中 APPEND BLANK 命令的作用是_____。

    A. 在表的任意位置添加空记录   B. 在当前记录之前插入空记录

    C. 在表的尾部添加空记录   D. 在表的首部添加空记录

二、填空题

1. 表的每个字段有 4 个属性。字段名指定字段的名字,字段类型指定_____,字段宽度指定_____,小数位数指定_____。

2. 在 Visual FoxPro 的表文件中,字段名只能包含英文字母、_____、_____或_____。

3. 字符型字段最大宽度为_____个字节,数值型字段的最大宽度为_____位,日期型字段的宽度为_____个字节,逻辑型字段的宽度为_____个字节,备注型字段的宽度为_____个字节,通用型字段的宽度为_____个字节。

4. 数据库文件的默认扩展名为_____,表文件的默认扩展名为_____。

5. Visual FoxPro 提供了_____个工作区,工作区的编号从_____到_____。

6. 在定义字段有效性规则时,在规则框中输入的表达式类型是_____。

7. 在项目管理器中新建数据库时,先选择"数据库"选项,再选择_____按钮。

8. 在项目管理器中打开数据库时,先选择数据库,再选择_____按钮。

9. 在项目管理器中添加表时,先选择"表"选项,再选择_____按钮。

10. 在项目管理器中移去表时,先选择"表"选项,再选择_____按钮。

11. 在项目管理器中选择某个表后,选择_____按钮可以打开表设计器修改表结构。

12. 在项目管理器中选择某个表后,选择_____按钮可以打开浏览窗口浏览数据。

13. Visual FoxPro 的索引分为四种类型:_____、_____、_____、_____。

14. 复合索引文件的默认扩展名是_____,JSDA.DBF 的结构索引文件名是_____。

15. 数据库表之间的一对多联系通过父表的_____索引和子表的_____索引实现。

16. 实现表之间临时联系的命令是_____。

17. 二维表中的列称为关系的_____,二维表中的行称为关系的_____。

18. 在 Visual FoxPro 中,最多同时允许打开_____个数据库表和自由表。

19. 同一个表的多个索引可以创建在一个索引文件中,索引文件名与相关的表同名,索引文件的扩展名是_____,这种索引称为_____。

20. 对表中记录逻辑删除的命令是_____,恢复表中所有被逻辑删除记录的命令是_____,将所有被逻辑删除记录物理删除的命令是_____。

21. 在浏览窗口中不仅可以显示表的内容,而且可以对记录进行_____,_____和_____

操作。

22．在数据库表的表设计器中可以设置 3 种触发器,分别是_____, _____和_____。

23．在 Visual FoxPro 6.0 中，表有两种类型，即_____和_____。

24．项目管理器的_____选项卡用于显示和管理数据库、自由表和查询等。

25．表的有效性规则包括_____和_____。

26．字段"数学"为数值型，如整数部分最多 3 位，小数部分最多 2 位，则该字段的宽度至少应为_____。

27．Visual FoxPro 6.0 支持两类索引文件，即_____和_____。

28．在 Visual FoxPro 的表之间建立一对多联系是把_____的主关键字字段添加到_____的表中。

29．打开数据库表的同时，自动打开该表的_____索引。

30．数据表由表结构和_____两部分组成。

三、判断题

1．Visual FoxPro 只能打开一个数据库。　　　　　　　　　　　　　　　（　　）

2．索引只改变记录的逻辑顺序，不改变记录的物理顺序。　　　　　　　（　　）

3．一个数据库表只能建立一个主索引。　　　　　　　　　　　　　　　（　　）

4．如果某个表有 3 个备注字段，则该表相应生成 3 个备注文件。　　　（　　）

5．一个表最多允许有 254 个字段。　　　　　　　　　　　　　　　　（　　）

6．一个表可以存放多达 10 亿条记录。　　　　　　　　　　　　　　　（　　）

7．自由表和数据库不能互相转化。　　　　　　　　　　　　　　　　　（　　）

8．一个数据库表可以属于两个数据库。　　　　　　　　　　　　　　　（　　）

9．启动 Visual FoxPro 时，1 号工作区是当前工作区。　　　　　　　　（　　）

10．打开表时，第一条记录是当前记录。　　　　　　　　　　　　　　（　　）

11．打开表文件时，Visual FoxPro 自动打开该表的结构索引文件。　　（　　）

12．索引文件不能单独使用，它只能与对应的表文件一起使用。　　　　（　　）

13．一个复合索引文件可以存放多个索引，因此可以同时提供多个逻辑顺序。（　　）

14．REINDEX 命令可以对当前表的所有索引文件重建索引。　　　　　（　　）

15．建立逻辑关联的两个表都必须先建立索引。　　　　　　　　　　　（　　）

16．"照片"字段的类型可以修改为 C 型的。　　　　　　　　　　　　（　　）

17．在浏览窗口中，可以为记录添加删除标记，也可以取消删除标记。　（　　）

18．Visual FoxPro 执行命令 USE，就是把内存中对当前表所作的修改保存到外存的表文件中。　　　　　　　　　　　　　　　　　　　　　　　　　　　　　　（　　）

19．LIST 与 DISP 命令的功能完全一样。　　　　　　　　　　　　　　（　　）

20．同一个时刻，一个工作区只能打开一个表文件，一个表可在不同的工作区打开。（　　）

四、根据要求写出命令

1．把当前表的记录指针移到第一条记录。

2．把当前表的记录指针移到第 5 条记录。

3．把当前表的记录指针移到最末一条记录。

4．以当前记录为基准，把记录指针向下移动 1 条记录。

5．选择 5 号工作区为当前工作区。

6．选择当前没有使用的工作区号最小的工作区为当前工作区。

以下 7 题~25 题中使用到的 ST.DBF 表结构如下：
ST（学号 C（8）、姓名 C（8）、性别 C（2）、语文 N（3）、数学 N（3）、英语 N（3）、计算机 N（3）、总分 N（3）、平均分 N（3））

7．创建一个文件名为 ST.DBF 的表。

8．复制 ST.DBF 表中学号、姓名、总分字段的数据，新建一个表 DA_2.DBF。

9．复制 ST.DBF 表的结构，新建 DA_3.DBF 表。

10．复制 ST.DBF 表中学号、姓名字段的结构，新建 DA_4.DBF 表。

11．创建一个文件名为 ST.DBC 的数据库并打开该数据库文件。

12．在当前没有使用的工作区号中最小的工作区上打开 ST.DBF 表文件。

13．在 5 号工作区上打开 ST.DBF，并为该表指定一个别名为"DA"。

14．关闭当前工作区上打开的表。

15．显示 ST.DBF 表文件的结构。

16．浏览编辑 ST.DBF 表所有男学生的记录。

17．浏览编辑 ST.DBF 表所有男学生的学号、姓名、性别字段的信息。

18．显示 ST.DBF 表所有记录的学号、姓名、总分、平均分字段的信息。

19．显示 ST.DBF 表第 5 条记录的学号、姓名、数学字段的信息。

20．显示最后 5 条记录的学号、姓名、总分、平均分字段的信息。

21．在第 3 条记录之前插入一条空记录。

22. 为 ST.DBF 表中所有男生的记录添加删除标记。

23. 彻底删除 ST.DBF 表中总分为 0 的记录。

24. 按"学号"升序浏览 ST.DBF 的记录（以学号字段为索引关键字的索引 XH 保存在结构复合索引文件中）。

25. 在 ST.DBF 中对所有学生记录按"总分"进行降序排序，对总分相同的按"平均分"进行升序排序，生成的排序文件为 px.dbf.

【参考答案】

一、选择题

1. B	2. C	3. B	4. C	5. B	6. A	7. B	8. D	9. D
10. D	11. C	12. A	13. C	14. D	15. C	16. A	17. A	18. B
19. C	20. B	21. B	22. A	23. A	24. D	25. C	26. B	27. A
28. D	29. D	30. D	31. C	32. A	33. B	34. C	35. C	36. B
37. C	38. D	39. B	40. D	41. B	42. A	43. C	44. B	45. A
46. A	47. B	48. D	49. C	50. B	51. C	52. A	53. D	54. B
55. A	56. D	57. C	58. C	59. B	60. C	61. C	62. A	63. D
64. D	65. D	66. D	67. C	68. D	69. D	70. A	71. C	72. D
73. C	74. C	75. C	76. B	77. A	78. D	79. B	80. D	81. C
82. B	83. B	84. B	85. C	86. A	87. A	88. C	89. D	90. C

二、填空题

1. 字段的数据类型　字段允许存储的最大字符数　小数的位数
2. 汉字　数字　下划线
3. 254　20　8　1　4　4
4. .dbc　.dbf
5. 32767　1　32767
6. 逻辑型
7. 新建
8. 修改
9. 添加
10. 移去
11. 修改
12. 浏览
13. 主索引　候选索引　唯一索引　普通索引
14. .cdx　JSDA.CDX
15. 主索引　普通索引
16. SET RELATION TO
17. 属性　元组

18. 32767

19. .cdx　结构复合索引

20. DELETE　RECALL ALL　PACK

21. 修改　添加　删除

22. 插入触发器　更新触发器　删除触发器

23. 数据库表　自由表

24. 数据

25. 字段级规则　记录级规则

26. 6位

27. 单索引文件　复合索引文件

28. 一方　多方

29. 结构复合

30. 记录

三、判断题

1. 错　2. 对　3. 对　4. 错　5. 对　6. 错　7. 错　8. 错

9. 对　10. 对　11. 对　12. 对　13. 对　14. 对　15. 对　16. 错

17. 对　18. 错　19. 错　20. 对

四、根据要求写命令

1. Go top

2. Go 6

3. Go bottom

4. Skip

5. Select 5

6. Select 0

7. Create st

8. Use st

   Copy to da_2 fields 学号,姓名,总分

9. Use st

   Copy structure to da_3

10. Use st

    Copy structure to da_4 fields 学号,姓名

11. Create database st

    Open database st

12. Select 0

    Use st

13. Select 5

    Use st alias da

14. Use

15. Use st

    List structure

16. Use st

Browse for 性别="男"

17. Use st
Browse fields 学号,姓名,性别 for 性别="男"

18. Use st
List fields 学号,姓名,总分,平均分

19. Use st
List fields 学号,姓名,数学 record 5

20. Use st
Go bottom
Skip -4
List fields 学号,姓名,总分,平均分 rest

21. Ust st
Go 3
Insert before blank

22. Use st
Delete for 性别="男"

23. Use st
Delete for 总分=0
Pack

24. Use st
Index on 学号 tag xh
Set order to tag xh
Browse

25. Use st
Sort to px on 总分,-平均分
Use px
List

单元 13 结构化查询语言（SQL）习题

一、选择题

1. SQL 语句中，用于改表结构的 SQL 命令是_____。
   A. ALTER   STRUCTURE   B. MODIFY   STRUCTURE
   C. ALTER   TABLE   D. MODIFY   TABLE

2. SQL 语句中的 SELECT 命令的 JOIN 短语建立表之间联系，JOIN 应接在_____短语之后。
   A. WHERE   B. GROUP BY
   C. FROM   D. ORDER

3. 有 SQL 语句：SELECT * FROM 教师 WHERE NOT(工资>3000 OR 工资<2000) 与如上语句等价的 SQL 语句是_____。
   A. SELECT*FROM 教师 WHERE 工资 BETWEEN 2000 AND 3000
   B. SELECT*FROM 教师 WHERE 工资 >2000 AND 工资<3000
   C. SELECT*FROM 教师 WHERE 工资>2000 OR 工资<3000
   D. SELECT*FROM 教师 WHERE 工资<=2000 AND 工资>=3000

4. 为"教师"表的职工号字段添加有效性规则：职工号的最左边三位字符是 110，正确的 SQL 语句是_____。
   A. CHANGE TABLE 教师 ALTER 职工号 SET CHECK LEFT(职工号,3)= " 110 "
   B. ALTER TABLE 教师 ALTER 职工号 SET CHECK LEFT(职工号,3)= " 110 "
   C. ALTER TABLE 教师 ALTER 职工号 CHECK LEFT(职工号,3)= " 110 "
   D. CHANGE TABLE 教师 ALTER 职工号 SET CHECK OCCURS(职工号,3)= " 110 "

5. 有 SQL 语句 SELECT DISTINCT 系号 FROM 教师 WHERE 工资<= ALL (SELECT 工资 FROM 教师 WHERE 系号＝ " 02 " ）该语句的执行结果是系号_____。
   A. " 01 " 和 " 02 "   B. " 01 " 和 " 03 "
   C. " 01 " 和 " 04 "   D. " 02 " 和 " 03 "

6. 有 SQL 语句：SELECT 学院，系名，COUNT(*)AS 教师人数 FROM 教师，学院; WHERE 教师.系号＝学院.系号 GROUP BY 学院.系名与如上语句等价的 SQL 语句是_____。
   A. SELECT 学院.系名，COUNT(*)AS 教师人数;
      FROM 教师 INNER JOIN 学院;
      教师.系号= 学院.系号 GROUP BY 学院. 系名
   B. SELECT 学院.系名，COUNT(*)AS 教师人数;
      FROM 教师 INNER JOIN 学院;
      ON 系号 GROUP BY 学院.系名
   C. SELECT 学院.系名，COUNT(*) AS 教师人数;
      FROM 教师 INNER   JOIN 学院;

ON 教师.系号=学院.系号 GROUP BY 学院．系名

   D．SELECT 学院．系名，COUNT(*)AS 教师人数；

      FROM 教师 INNER JOIN 学院；

      ON 教师.系号 = 学院.系号

7. 有 SQL 语句：SELECT DISTINCT 系号 FROM 教师 WHERE 工资>=ALL (SELECT 工资 FROM 教师 WHERE 系号="02")与如上语句等价的 SQL 语句是_____。

   A．SELECT DISTINCT 系号 FROM 教师 WHERE 工资>=；

      (SELECT MAX(工资）FROM 教师 WHERE 系号="02"）

   B．SELECT DISTINCT 系号 FROM 教师 WHERE 工资>=；

      (SELECT MIN(工资）FROM 教师 WHERE 系号="02"）

   C．SELECT DISTINCT 系号 FROM 教师 WHERE 工资>=；

      ANY(SELECT(工资）FROM 教师 WHERE 系号="02"）

   D．SELECT DISTINCT 系号 FROM 教师 WHERE 工资>=；

      SOME (SELECT(工资）FROM 教师 WHERE 系号="02"）

8. 使用 SQL 语句增加字段的有效性规则，是为了能保证数据的_____。

   A．实体完整性   B．表完整性   C．参照完整性   D．域完整性

9. 有关参照完整性的删除规定，正确的描述是_____。

   A．如果删除规则选择的是"限制"，则当用户删除父表中的记录时，系统将自动删除子表中的所有相关记录

   B．如果删除规则选择的是"级联"，则当用户删除父表中的记录时，系统将禁止删除子表相关的父表中的记录

   C．如果删除规则选择的是"忽略"，则当用户删除父表中的记录时，系统不负责做任何工作

   D．上面三种说法都不对

10. 有关查询设计器，正确的描述是_____。

   A．"联接"选项卡与 SQL 语句的 GROUP BY 短语对应

   B．"筛选"选项卡与 SQL 语句的 HAVING 短语对应

   C．"排序依据"选项卡与 SQL 语句的 ORDER BY 短语对应

   D．"分组依据"选项卡与 SQL 语句的 JOIN ON 短语对应

11. 下面关于 SQL 语言的叙述中,哪一条是错误的_____。

   A．SQL 既可作为联机交互环境中的查询语言又可嵌入到主语言中

   B．SQL 没有数据控制功能

   C．使用 SQL 用户只能定义索引而不能引用索引

   D．使用 SQL 用户可以定义和检索视图

12. SQL 语言是_____。

   A．高级语言   B．编程语言   C．结构化查询语言   D．宿主语言

13. 在学生数据库中，用 SQL 语句列出的所有女生的姓名，应该对学生关系进行_____操作。

   A．选择   B．连接   C．投影   D．选择和投影

14. NULL 是指_____。

   A．0   B．空格   C．无任何值   D．空字符串

15．下列哪条语句不属于 SQL 数据操纵功能范围_____。

    A．SELECT   B．CREAT TABLE

    C．DELETE   D．INSERT

16．用_____命令可建立唯一索引。

    A．CREATE TABLE   B．CREATE CLUSTER

    C．CREATE INDEX   D．CREATE UNIQUE INDEX

17．SQL 语言不具有的功能有_____。

    A．关系规范化   B．数据查询

    C．数据控制   D．数据定义和数据操作

18．SQL 语言提供_____语句实现创建数据表。

    A．CREATE TABLE   B．ROLLBACK

    C．GRANT 和 REVOKE   D．COMMIT

19．要创建一个数据表 a，该表结构为：图书编号(C,9)，名称(C,20)，购买日期(D)，价格(N,6,2)，说明(M)。能够实现该功能的命令是_____。

    A．CREATE a(图书编号 C(9)，名称 C(20),购买日期 D,价格 N(6,2)，说明(M))

    B．CREATE TABLE a(图书编号 C(9),名称 C(20)，购买日期 D，价格 N(6,2)，说明(M))

    C．MODIFY TABLE a(图书编号 C(9),名称 C(20)，购买日期 D，价格 N(6,2)，说明(M))

    D．MODIFY STRU a(图书编号 C(9),名称 C(20)，购买日期 D，价格 N(6,2)，说明(M))

20．SQL 语言提供_____语句用于实现向数据表中插入记录。

    A．CREATE TABLE   B．INSERT

    C．INSERT INTO   D．BROWSE

21．INSERT-SQL 命令的功能是_____。

    A．在表头插入一条记录   B．在表中指定位置插入一条记录

    C．在表尾插入一条记录   D．在表中指定位置插入若干条记录

22．向数据表 a 添加一条记录，该记录各个字段值分别是："00001"，"细节决定成败"，{01/08/2005}，24.80，"此书销售很好"。能够实现此功能的命令是_____。

    A．INSE a VALUES("00001"，"细节决定成败"，{01/08/2005},24.80,"此书销售很好")

    B．CREATE a VALUES("00001"，"细节决定成败"，{01/08/2005},24.80,"此书销售很好")

    C．MODI a VALUES("00001"，"细节决定成败"，{01/08/2005},24.80,"此书销售很好")

    D．INSE INTO a VALUES("00001"，"细节决定成败"，{01/08/2005},24.80,"此书销售很好")

23．SQL 数据维护命令中不包括_____。

    A．INSERT-SQL   B．CHANGE-SQL

    C．DELETE-SQL   D．UPDATE-SQL

24．修改表结构的 SQL 命令是_____。

    A．MODIFY STRUCTURE   B．MODIFY TABLE

    C．ALTER STRUCTURE   D．ALTER TABLE

25．向 a 数据表添加一个字段：出版社 C(20)，能够实现该功能的命令是_____。

    A．ALTER TABLE a RENAME 出版社 C(20)

    B．ALTER TABLE a ALTER 出版社 C(20)

C. ALTER TABLE a ADD 出版社 C(20)

D. ALTER TABLE a DROP 出版社 C(20)

26. 将数据表 a 中的图书编号字段的宽度修改为 5 的命令是_____。

    A. ALTER TABLE a RENAME 图书编号 C(5)

    B. ALTER TABLE a ALTER 图书编号 C(5)

    C. ALTER TABLE a ADD 图书编号 C(5)

    D. ALTER TABLE a DROP 图书编号 C(5)

27. 假设 a 数据表已经加入到数据库 sjk 中，那么设置 a 数据表价格的默认值为 30.00 元，价格小于 100.00 元规则（超出范围则显示"超出范围"信息）的命令是_____。

    A. ALTER TABLE a ALTER 价格 DROP DEFAULT DROP CHECK ERROR " 超出范围 "

    B. ALTER TABLE a ALTER 价格 DEFAULT 30.00 CHECK 价格<100 ERROR " 超出范围 "

    C. ALTER TABLE a ALTER 价格 NULL 30.00 SET CHECK 价格<100 ERROR " 超出范围 "

    D. ALTER TABLE a ALTER 价格 SET DEFAULT 30.00 CHECK 价格<100 ERROR " 超出范围 "

28. 将数据表 a 图书编号字段设置为主关键字的命令是_____。

    A. ALTER TABLE a ALTER 图书编号 UNIQUE

    B. ALTER TABLE a ALTER 图书编号 PRIMARY KEY

    C. ALTER TABLE a ADD PRIMARY KEY 图书编号

    D. ALTER TABLE a DROP PRIMARY KEY 图书编号

29. UPDATE-SQL 命令的功能是_____。

    A. 数据定义   B. 更新表中某些列的属性

    C. 数据查询   D. 修改表中某些列的内容

30. SQL 语句中的条件短语是_____。

    A. WHERE   B. WHILE

    C. FOR   D. CONDITION

31. 在关系数据库标准语言 SQL 中，实现数据检索（查询）的语句是_____。

    A. LOAD   B. SELECT

    C. FETCH   D. SET

32. 标准 SQL 基本查询模块的结构是_____。

    A. SELECT-FROM-GROUP BY   B. SELECT-FROM-ORDER BY

    C. SELECT-FROM-WHERE   D. SELECT-FROM-HAVING

33. 能够实现将数据库表 rsb 中基本工资大于 1000，1985 年以后出生的教工的姓名、职称、基本工资输出到数据表 rsbxjg 的命令是_____。

    A. SELECT 姓名, 职称, 基本工资 FROM rsb WHERE 基本工资>1000 AND YEAR(出生日期)>1980 INTO TABLE rsbxjg

    B. SELECT 姓名, 职称, 基本工资 FROM rsb CONDITION 基本工资>1000 AND YEAR(出生日期)>1980 INTO TABLE rsbxjg

    C. SELECT 姓名, 职称, 基本工资 FROM rsb WHILE 基本工资>1000 AND YEAR(出生日期)>1980 INTO TABLE rsbxjg

D. SELECT 姓名，职称，基本工资 FROM rsb FOR 基本工资>1000 AND YEAR(出生日期)>1980 INTO TABLE rsbxjg

34. SQL 查询语句中 ORDER BY 子句的功能是_____。
    A. 分组统计查询结果　　　　　　B. 对查询结果进行排序
    C. 限定分组检索结果　　　　　　D. 限定查询条件

35. SQL 查询语句中 GROUP BY 子句的功能是_____。
    A. 分组统计查询结果　　　　　　B. 对查询结果进行排序
    C. 限定分组检索结果　　　　　　D. 限定查询条件

36. SQL 查询语句中 HAVING 子句的功能是_____。
    A. 指出分组查询的范围　　　　　B. 指出分组查询的值
    C. 指出分组查询的条件　　　　　D. 指出分组查询的字段

37. 检索数据表 rsb 中基本工资大于 800 并且小于 1000 的教工记录，并按基本工资由高到低排序的正确命令是_____。
    A. SELECT * FROM rsb FOR 基本工资>800 AND 基本工资<1000 ORDER BY 基本工资 DESC
    B. SELECT * FROM rsb FOR 基本工资>800 AND 基本工资<1000 ORDER BY 基本工资 ASC
    C. SELECT * FROM rsb WHERE 基本工资 BETWEEN 800 AND 1000 ORDER BY 基本工资 ASC
    D. SELECT * FROM rsb WHERE BETWEEN 800 AND 1000 ORDER BY 基本工资 DESC

38. 能够检索数据表 rsb 中基本工资前三名（从大到小）的教工记录的正确命令是_____。
    A. SELECT * TOP 3 FROM rsb ORDER BY 基本工资 DESC
    B. SELECT * TOP 3 FROM rsb GROUP BY 基本工资 DESC
    C. SELECT * TOP 3 FROM rsb ORDER BY 基本工资 ASC
    D. SELECT * TOP 3 FROM rsb GROUP BY 基本工资 ASC

39. 学生表 xsb 中含有字段学号、姓名、性别、籍贯、政治面貌等字段，成绩表 cjb 含有学号、数学、英语、计算机等课程成绩。检索英语成绩在 80 分以上的学生并按英语成绩从高到低的顺序列出姓名、性别、英语成绩的正确命令是_____。
    A. SELECT 姓名,性别,cjb.英语 FROM xsb,cjbWHERE xsb.学号=cjb.学号 AND cjb.英语>80 ORDER BY 英语 ASC
    B. SELECT 姓名,性别,cjb.英语 FROM xsb,cjbWHERE xsb.学号=cjb.学号 OR cjb.英语>80 ORDER BY 英语 ASC
    C. SELECT 姓名,性别,cjb.英语 FROM xsb,cjbWHERE xsb.学号=cjb.学号 AND cjb.英语>80 ORDER BY 英语 DESC
    D. SELECT 姓名,性别,cjb.英语 FROM xsb,cjbWHERE xsb.学号=cjb.学号 AND cjb.英语>80 ORDER BY 英语 DESC

40. 统计成绩表 cjb 中数学的最高成绩、英语的最低成绩和计算机的平均成绩的正确命令是_____。
    A. SELECT MIN(数学) AS 数学最高分,MAX(英语) AS 英语最低分, AVG(计算机) AS 计算机平均分 FROM cjb

B. SELECT MAX(数学) AS 数学最高分,MIN(英语) AS 英语最低分，AVG(计算机) AS 计算机平均分 FROM cjb

C. SELECT MAX(数学) AS 数学最高分,MIN(英语) AS 英语最低分，AVERAGE(计算机) AS 计算机平均分 FROM cjb

D. SELECT MAX(数学) AS 数学最高分,COUNT(英语) AS 英语最低分，AVERAGE (计算机) AS 计算机平均分 FROM cjb

41. 能够计算出学生数据表 xs 中学生不重复籍贯数量的命令是_____。

A. SELECT COUNT(籍贯) FROM xs

B. SELECT COUNT(*) FROM xs

C. SELECT CNT(DISTINCT 籍贯) FROM xs

D. SELECT CNT(*) FROM xs

二、填空题

1. SQL 语言的核心是_____，SQL 语言的数据操作功能包括_____和_____。

2. 在 Visual FoxPro 支持的 SQL 语句中,逻辑删除表中记录的命令是_____；删除带有逻辑标志记录的命令是_____；删除数据表的命令是_____；修改表结构的命令是_____；修改表中数据的命令是_____。

3. 在 SQL 语句中的 ORDER BY 排序子句中, DESC 表示按_____输出；省略 DESC 或采用 ASC 表示按_____输出。

4. 在 SQL 语句中，空值用_____表示。

5. 在 SQL 的 SELECT 语句中，定义一个区间范围的专用单词是_____；检查一个属性值是否属于一组值中的单词是_____。

6. 在 SQL 的 SELECT 语句中可以包含一些函数,这些函数是_____、_____、_____、_____、_____。

7. 数据库表中可以使用最长为_____个字符的长字符名。一个数据库表最多只能创建_____个触发器。

8. Visual FoxPro 不允许在主关键字中有空值与_____。

9. 向数据库中添加的表应该是目前不属于任何数据库的_____。

10. 永久关系是数据库表之间的关系，在数据库设计器中表现为关联表索引字段之间的_____；永久关系建立后存储在_____中，只要不删除就一直保存。

11. 为了确保数据库表之间数据的一致性，需要设置_____规则。

12. 记录级有效性规则用于检查_____之间的逻辑关系。

13. 数据库表之间建立的关系是_____关系；用 SET RELATION 命令建立的表之间的关系是_____关系。

14. 创建数据库的命令是_____；打开数据库的命令是_____；修改数据库的命令是_____；关闭数据库的命令是_____。

15. 向数据库中添加数据表的命令是_____；从数据库中移去数据表的命令是_____。

16. 在 SQL 的 CREATE TABLE 语句中，为属性说明取值范围（约束）的是短语_____。

17. SQL 插入记录的命令是_____，删除记录的命令是_____；修改记录的命令是_____。

18. 从职工数据库中计算工资合计的 SQL 语句是：SELECT_____ FROM 职工。

19. 在 Visual FoxPro 中，参照完整性规则包括更新规则、删除规则和_____规则。

20. 将学生表 stu 中的学生年龄（AGE）增加 2 岁，应该使用的 SQL 命令是 UPDATE stu _____。

21. 在 Visual FoxPro 中，使用 SQL 语言的 ALTER TABLE 命令给学生表 stu 增加一个 Email 字段，长度为 30，命令是 ALTER TABLE stu_____ Email C（30）。

【参考答案】

一、选择题

1. C   2. D   3. A   4. B   5. A   6. C   7. A   8. D
9. C   10. C   11. B   12. C   13. D   14. C   15. B   16. D
17. A   18. A   19. B   20. C   21. C   22. D   23. B   24. D
25. C   26. B   27. D   28. C   29. D   30. A   31. B   32. C
33. A   34. B   35. A   36. C   37. D   38. A   39. C   40. B
41. C

二、填空题

1. 数据库查询语言　数据检索　数据更新

2. Delete from　pack　Drop table　Alter table　Update <表名> set <字段名 1>=<表达式 1>

3. 降序　升序

4. Null

5. Between，In

6. SUM　AVG　MAX　MIN　COUNT/CNT

7. 128　3

8. 重复值

9. 自由表

10. 连线　数据库

11. 参照完整性

12. 字段

13. 永久　临时

14. CREATE DATABASE<数据库名>　OPEN DATABASE<数据库名>　MODIFY DATABASE <数据库名>　CLOSE DATABASE

15. ADD TABLE<数据表名>，REMOVE TABLE<数据表名>[DELETE]

16. CHECK

17. INSERT　DELETE　UPDATE

18. SUM（工资）

19. 插入

20. Set age=age+2

21. ADD

单元 14　查询与视图习题

一、选择题

1. 在 Visual FoxPro 中，以下关于视图描述中错误的是_____。
   A. 通过视图可以对表进行查询　　　　B. 通过视图可以对表进行更新
   C. 视图是一个虚表　　　　　　　　　D. 视图就是一种查询

2. 在 Visual FoxPro 中，要运行查询文件 Student1.qpr 可以使用命令_____。
   A. DO Student1　　　　　　　　　　B. DO Student1.qpr
   C. DO Student1　　　　　　　　　　D. RUN Student1

3. 以纯文本文件保存设计结果的设计器是_____。
   A. 查询设计器　　　　　　　　　　　B. 表设计器
   C. 菜单设计器　　　　　　　　　　　D. 以上三种都不是

4. 以下关于"查询"的描述正确的是_____。
   A. 查询保存在项目文件中　　　　　　B. 查询保存在数据库文件中
   C. 查询保存在表文件中　　　　　　　D. 查询保存在查询文件中

5. 在 Visual FoxPro 中以下叙述正确的是_____。
   A. 利用视图可以修改数据　　　　　　B. 利用查询可以修改数据
   C. 查询和视图具有相同的作用　　　　D. 视图可以定义输出去向

6. 以下关于"视图"的描述正确的是_____。
   A. 视图保存在项目文件中　　　　　　B. 视图保存在数据库文件中
   C. 视图保存在表文件中　　　　　　　D. 视图保存在视图文件中

7. 在 Visual FoxPro 中，以下关于查询的描述正确的是_____。
   A. 不能用自由表建立查询　　　　　　B. 只能使用自由表建立查询
   C. 不能用数据库表建立查询　　　　　D. 可以用数据库表和自由表建立查询

8. 在使用查询设计器创建查询时，为了指定在查询结果中是否包含重复记录（对应于 DISTINCT），应使用的选项卡是_____。
   A. 排序依据　　　　　　　　　　　　B. 联接
   C. 筛选　　　　　　　　　　　　　　D. 杂项

9. 在视图设计器中有，而在查询设计器中没有的选项卡是_____。
   A. 排序依据　　　　　　　　　　　　B. 更新条件
   C. 分组依据　　　　　　　　　　　　D. 杂项

二、填空题

1. 在 Visual FoxPro 中视图可以分为本地视图和_____视图。

2. 在 Visual FoxPro 中为了通过视图修改基本表中的数据，需要在视图设计器的_____选项卡中设置有关属性。

3．查询设计器"排序依据"选项卡对应于 SQL SELECT 语句的____短语。

4．查询结果以_____为扩展名的文件保存在磁盘中；视图操作后在磁盘中找不到类似的文件，视图的结果保存在_____。

5．在查询设计器中"筛选"选项卡与 SQL 语句的_____短语对应。

【参考答案】

一、选择题

1．D 2．B 3．A 4．D 5．A 6．B 7．D 8．D 9．B

二、填空题

1．远程 2．更新条件 3．ORDER BY

4．QPR 数据库 5．WHERE

单元 15   面向过程程序设计习题

一、选择题

1. Visual FoxPro 中程序文件的扩展名为_____。

    A. .SPR   B. .QPR   C. .FXP   D. .PRG

2. 以下赋值语句正确的是_____。

    A. STORE 8 TO X，Y   B. STORE 8，9 TO X，Y

    C. X=8，Y=9   D. X，Y=8

3. 结构化程序设计的三种基本逻辑结构是_____。

    A. 选择结构、循环结构和嵌套结构   B. 顺序结构、选择结构和循环结构

    C. 选择结构、循环结构和模块结构   D. 顺序结构、递归结构和循环结构

4. 下列程序总共执行的循环次数有_____。

```
X=20
Y=10
DO WHILE Y<X
    X=X-1
    Y=Y+2
ENDDO
RETURN
```

    A.10   B.20   C.4   D.5

5. 有关 FOR 循环结构，叙述正确的是_____。

    A. 对于 FOR 循环结构，循环的次数是未知的

    B. FOR 循环结构中，可以使用 EXIT 语句，但不能使用 LOOP 语句

    C. FOR 循环结构中，可以使用 EXIT 语句，也可以使用 LOOP 语句

    D. FOR 循环结构中，可以使用 LOOP 语句，但不能使用 EXIT 语句

6. 有关参数传递叙述正确的是_____。

    A. 参数接收时与发送的顺序相同

    B. 接收参数的个数必须少于发送参数的个数

    C. 参数接收时与发送的顺序相反

    D. 接收参数的个数必须正好等于发送参数的个数

7. 有关过程调用叙述正确的是_____。

    A. 用命令 DO<proc> WITH <para list>调用过程时，过程文件无需打开，就可以调用其中的过程

    B. 用命令 DO<proc> WITH <para list>IN<file>调用过程时，过程文件无需打开，就可以调用其中的过程

C. 同一时刻只能打开一个过程，打开新的过程旧的过程自动关闭

D. 打开过程文件时，其中的主过程自动调入主存

8. 在 Visual FoxPro 中，用于建立或修改过程文件的命令是_____。

    A. MODIFY<文件名>

    B. MODIFY   COMMAND<文件名>

    C. MODIFY   PROCEDURE<文件名>

    D. MODIFY   COMMAND<文件名>，MODIFY   PROCEDURE<文件名>均对

9. 顺序执行下列命令：

```
X=100
Y=8
X=X+Y
?X, X=X+Y
```

最后一条命令的提示结果为_____。

    A. 100 .F.   B. 100 .T.

    C. 108 .T.   D. 108 .F.

10. 在 Visual FoxPro 中，如果希望一个内存变量只限于在本过程中使用，说明这种内存变量的命令是_____。

    A. PRIVATE

    B. PUBLIC

    C. LOCAL

    D. 在程序中直接使用的内存变量(不通过 A，B，C 说明)

11. 内存变量 KK 为日期型，从键盘上赋值给 KK，应该使用_____命令。

    A. WAIT   B. ACCEPT

    C. EDIT   D. INPUT

12. 在 Visual FoxPro 窗口中建立程序文件的命令是_____。

    A. MODIFY FORM   B. MODIFY COMMAND

    C. MODIFY STRUCTURE   D. MODIFY VIEW

13. 如果一个过程不包含 RETURN 语句，或者 RETURN 语句中没有指定表达式，那么该过程_____。

    A. 没有返回值   B. 返回 0

    C. 返回.T.   D. 返回.F.

14. 有如下程序：

```
INPUT TO A
IF A=0
    S=0
ENDIF
S=1
?S
```

假定从键盘输入的 A 的值是数值型，那么上面条件选择程序的执行结果是_____。

    A. 0   B. 1   C. 由 A 的值决定   D. 程序出错

15. 下列程序的运行结果是_____。

```
STORE 0 TO X,Y
DO WHILE X<10
    Y=Y+2
    X=X+Y
ENDDO
?X,Y
RETURN
```
  A. 6 和 6   B. 6 和 4   C. 12 和 6   D. 12 和 4

16. 高级语言源程序中的语法错误是在_____被发现的。

  A. 被编译后   B. 编译出来的程序运行时

  C. 被编译时   D. 源程序录入完毕时

17. 下列关于自定义函数描述不正确的是_____。

  A. 自定义函数可以在过程中使用

  B. 自定义函数中不能带参数

  C. 自定义函数完成后会返回一个函数值

  D. 自定义函数的扩展名为.prg

18. 以下关于 ACCEPT 命令的说明，正确的是_____。

  A. 将输入作为字符接收   B. 将输入作为数值接收

  C. 将输入作为逻辑型数据接收 D. 将输入作为变量名接收

19. 在形式为 " DO WHILE .T. " 的条件循环语句中，为退出循环可以使用的命令是_____。

  A. QUIT   B. RETURN   C. EXIT   D. CANCEL

20. 使用命令 DECLARE MM(2,3)定义的数组，包含的数组元素（下标变量）的个数为_____。

  A. 2个   B. 3个   C. 5个   D. 6个

21. 下面关于 Visual FoxPro 数组的叙述中，错误的是_____。

  A. 用 DIMENSION 和 DECLARE 都可以定义数组

  B. Visual FoxPro 只支持一维数组和二维数组

  C. 一个数组中各个数组元素必须是同一种数据类型

  D. 新定义数组的各个数组元素初值均为逻辑值.F.

22. 有如下一段程序：

 INPUT " 请输入当前日期：" TO RQ

 ?RQ+29

  在执行本程序时，用户应当输入_____，显示结果才是：12-27-98。

  A. DTOC（" 11-28-98 "）   B. 98－11－28

  C. CTOD（" 11－28－98 "）   D. 98－10－28

23. 下列说法正确的是_____。

  A. INPUT 的功能是暂停程序的执行，接受用户的输入

  B. ACCEPT 与 INPUT 的功能是相同的，没有不同点

  C. 程序都是按顺序执行的，不能改变程序的执行次序

  D. IF 与 ENDIF 成对出现，但有时 ENDIF 也可以省略

24. 将内存变量定义为全局变量的命令是_____。

A. RPIVATE   B. GLOBAL   C. LOCAL   D. PUBLIC

25. Visual FoxPro 启动后，执行命令文件 MAIN.PRG 使用的命令是_____。

A. ！MAIN   B. DO MAIN   C. MAIN   D. RUN MAIN

26. 可以向变量输入逻辑值的命令是_____。

A. ACCEPT 和@…GET   B. INPUT 和@…SAY

C. INPUT 和@…GET   D. WAIT 和@…SAY

27. 比较 WAIT、ACCEPT 和 INPUT 三条命令，需要以回车键表示输入结束的命令是_____。

A. WAIT、ACCEPT、INPUT   B. SEEK DATE（）

C. ACCEPT、INPUT   D. INPUT、WAIT

28. 设 X=999,Y=888,Z="X+Y"，表达式&Z+1 的结果是_____。

A. 错误   B. X+Y+1

C. 1888   D. 9998881

29. 下列语句可以将变量 X、Y 的值相互交换_____。

A. X=Y   B. STORE X TO Y
   Y=X   STORE Y TO X

C. X=X+Y   D. X=Z
   Y=X-Y   Z=Y
   X=X-Y   Y=X

30. 下列程序的最后运行结果是_____。

```
X=0
FOR I=1 TO 5
    IF I=4
      LOOP
    ENDIF
    X=X+I
ENDFOR
```

A. 11   B. 15   C. 16   D. 12

31. 下列命令系列的最后执行结果为_____。

```
SET TALK OFF
STORE 1 TO A,B
A=A+B
DO WHILE A<7
  B=B+A
  IF B<4
    B=B-1
  ENDIF
  A=A+3
ENDDO
?A
```

A. 5   B. 6   C. 7   D. 8

32. 顺序执行下面 FoxPro 命令之后，屏幕显示的结果是_____。

104

INPUT TO XX　　&&输入.T.

? Xx.and.xx=xx

A. 0　　　　　　B. .F.　　　　　　C. 错误信息　　　　D. .T.

33. 假定已经执行了正确命令 M=[28+2]，再执行命令？M，屏幕将显示_____。

A. 30　　　　　B. 28+2　　　　C. [28+2]　　　　D. 30.00

34. 下列命令系列的最后执行结果为_____。

```
DIMENSION AA（3,2）
AA（1,1）=11
AA（1,2）=12
AA（2,1）=21
AA（2,2）=22
AA（3,1）=31
AA（3,2）=32
? AA（5）
```

A. 31　　　　　　B. 显示所有的值　　　C. 32　　　　　　D. 显示出错信息

35. Visual FoxPro 是结构化程序设计语言，下列不属于分支执行结构的是_____。

A. DO WHILE…ENDDO　　　　　　B. IF…ENDIF

C. DO CASE…ENDCASE　　　　　　D. IF…ELSE…ENDIF

36. 赋值语句 X=4**（6/12）执行后，实型变量 X 的值是_____。

A. 2　　　　　B. 2.0　　　　C. 1　　　　D. 1.0

37. 在程序文件中，程序文件和被调用的过程文件之间的参数传递要求_____。

A. 参数必须是字符型

B. 参数必须是内存变量

C. 调用程序中 WITH 后所带的参数必须与过程中的 PARAMETERS 的参数一一对应

D. 过程文件中不能改变 PARAMETERS 后面的变量值

38. 有参过程中的形参若是输出参数，则对应的实参必须是_____。

A. 常数　　　　　　　　　　B. 表达式

C. 已定义的内存变量或数组元素　　　D. 已定义的字段变量

39. 无法实现主调程序与被调过程之间相互传递数据的是_____。

A. 形参与实参相结合

B. 在主调程序中使用过程中已经定义的变量名

C. 在被调过程中使用主调程序中定义的变量名

D. 使用全局变量

40. 函数子程序中的形参_____。

A. 可以是变量名、数组名、符号常量

B. 可以是变量名、数组名、子程序名

C. 只能是变量名或数组名

D. 只能是变量名

41. 下面是块 IF 结构的有关叙述，错误的是_____。

A. IF 块、ELSE IF 块中允许有 GOTO 语句

B. 禁止用 GOTO 语句转移到 IF 块、ELSE IF 和 ELSE 块

C. IF 语句、ELSEIF 语句、ELSE 语句可以使用语句标号

D. 不允许使用 GOTO 语句转移到 IF 语句和 ENDIF 语句

42. 一个 IF 结构至少包括_____个 ENDIF 语句。

A. 0 　　　　　　　 B. 1 　　　　　　　 C. 2 　　　　　　　 D. 3

43. 在 Visual FoxPro 中，用于建立过程文件 PROC1 的命令是_____。

A. MODIFY PROC1 　　　　　　　　 B. EDIT PROC1

C. CREATE PROC1 　　　　　　　　 D. MODIFY COMMAND PROC1

44. 关于？和？？的输出语句，下列说法中错误的是_____。

A. ？和？？只能输出多个同类型的表达式的值

B. ？从当前光标所在行的下一行第 0 列开始显示

C. ？？从当前光标的位置处开始显示

D. ？和？？后可以没有表达式

45. 有关 SCAN 循环结构，下列叙述正确的是_____。

A. 在使用 SCAN 循环结构时，必须打开某一个数据表

B. SCAN 循环结构体中，必须写有 SKIP 语句

C. SCAN 循环结构中的 LOOP 语句，可将程序流程直接指向循环开始的 SCAN 语句

D. 在 SCAN 循环结构中，如果省略了条件和范围子句，则允许直接退出循环

46. 执行如下的程序代码，如果输入的 K 值是 6,则最后显示的结果为_____。

```
SET TALK OFF
M=0
I=1
INPUT "K=?" TO K
DO WHILE M<=K
  M=M+I
  I=I+1
ENDDO
?M
SET TALK ON
```

A. 9 　　　　　　　 B. 10 　　　　　　　 C. 11 　　　　　　　 D. 0

47. 在下列程序中，如果要使程序继续循环，变量 M 的输入值应为_____。

```
DO WHILE .T.
    WAIT "M=" TO M
    IF UPPER(M) $ "YN"
        EXIT
    ENDIF
  ENDDO
```

A. Y 或者 y 　　　　　　　　　　 B. N 或者 n

C. Y、y 或者 N、n 　　　　　　　　 D. 除了 Y、y、N、n 之外的其余字符

48. 运行下面程序所得到的结果是_____。

```
CLEAR
S=0
```

```
FOR I=0 TO 99 STEP 2
    S=S+I
ENDFOR
?S
RETU
```

A. 0~99 中所有数之和   B. 0~99 中所有奇数之和

C. 0~99 中所有偶数之和   D. 以上答案都不对

49. 阅读下面的程序，正确的选项为_____。

```
SET TALK OFF
CLEAR
S=0
FOR X=1234 TO 2346
    IF AT('6',STR(X),2)>0 OR AT('6',STR(X),3)=0
       S=S+X
    ENDIF
ENDFOR
?S
SET TALK ON
RETURN
```

A. 该程序是求[1234,2346]内至少有两位数是 6 的所有整数之和

B. 该程序是求[1234,2346]内最多有两位数是 6 的所有整数之和

C. 该程序是求[1234,2346]内恰好有两位数是 6 的所有整数之和

D. 该程序是求[1234,2346]内至少有三位数是 6 的所有整数之和

50. 若 X 是四位数，A=int(x/10)%10,则以下说法正确的是_____。

A. A 表示的是 X 的个位数   B. A 表示的是 X 的十位数

C. A 表示的是 X 的百位数   D. A 表示的是 X 的千位数

51. 下列程序段的功能是_____。

```
STORE 0 TO X,Y
DO WHILE .T.
  X=X+1
  Y=Y+X
  IF X>=100
     EXIT
   ENDIF
ENDDO
? STR(Y,5)
```

A. 100 以内自然数的和   B. 100 以内整数的和

C. 0~99 的整数之和   D. 1~99 的整数之和

52. 在使用 DIMENSION 或 DECLARE 命令定义数组时，各数组元素在没赋值之前的数据类型是_____。

A. 字符型   B. 数值型   C. 逻辑型   D. 未定义

53. 有以下命令序列：

STORE 123.456 TO A

STORE STR(A+A,5)TO B

?LEN(B),B

执行以上命令序列，最后一条命令显示的结果是_____。

    A. 3　123　　　　　B. 3　264　　　　　C. 5　247　　　　　D. 5　246

54. 执行下面的语句后，数组 X 和 Y 的元素大小为_____。

         DECLARE　X(5),Y（5,4）

    A. 6 和 10　　　　B. 5 和 9　　　　　C. 5 和 1　　　　　D. 5 和 20

55. 自定义函数也是一个程序命令文件，在这种函数中可以不通过 PARAMETERS 命令来定义参数，而是通过另一个命令_____来返回调用一个值。

    A. CALL　　　　　B. RETURN　　　　C. DECLARE　　　D. LOAD

56. 下面关于 DO CASE…ENDCASE 说法正确的是_____。

    A. DO CASE 语句和 ENDCASE 语句必须成对出现，各占一行

    B. OTHERWISE 后的语句不管条件成不成立，都执行

    C. DO CASE 下只能有三个 CASE 分支语句

    D. 以上都不对

57. 下面说法错误的是_____。

    A. 九九乘法表的编程用一层 FOR…ENDFOR 循环结构就可以完成

    B. 九九乘法表的编程可以用 FOR 或 DO WHILE 循环结构来完成

    C. SCAN…ENDSCAN 是针对当前打开的数据表进行的操作

    D. SCAN…ENDSCAN 进行表打描时不需设置 SKIP 语句，来控制记录指针自动移动到下一条记录

58. Visual FoxPro 程序源文件在运行时，会产生主文件名与程序名相同的目标文件，其目标文件的扩展名为_____。

    A. .PGR　　　　　B. .PRG　　　　　C. FXP　　　　　D. FPX

59. QUIT 的功能是_____。

    A. 返回到上一级模块　　　　　　　　B. 结束程序执行，返回到交互状态

    C. 关闭 Visual FoxPro，返回到操作系统　　D. 以上都不对

60. SET STRICTDATE TO 0 命令的功能是_____。

    A. 设置屏幕下端的状态行显示与否　　　B. 设置通常日期格式显示

    C. 设置输出的结果是否送打印机　　　　D. 以上都不对

二、填空题

1. 求 100 到 14000 以内能被 4 和 9 整除的整数的和，填空完成程序。（保留整数位）

```
SET TALK OFF
CLEA
I=100
S=0
DO WHILE I<=14000
IF INT(I/4)=I/4.AND.INT(I/9)=I/9
```

```
              _____
ENDI
I=_____
ENDD
?S
RETU              【程序结果】2716668
```

2．求 100 到 4000 以内能被 4 和 6 整除的整数的个数，填空完成程序。（保留整数位）

```
SET TALK OFF
CLEA
I=100
S=0
DO WHILE I<=4000
IF INT(I/4)=I/4.AND.INT(I/6)=I/6
              _____
ENDI
I=_____
ENDD
?S
RETU              【程序结果】325
```

3．求所有数字的和为 13 的四位数的个数，填空完成程序。（保留整数位）

```
SET TALK OFF
T=0
FOR I=1000 TO 9999
        J=ALLTRIM(STR(I))
        A=LEFT(J,1)
        B=SUBS(J,2,1)
        C=SUBS(_____)
        D=RIGHT(_____)
        IF VAL(A)+VAL(B)+VAL(C)+VAL(D)=13
        T=T+1
        ENDIF
ENDFOR
?T
RETURN              【程序结果】405
```

4．设 S 是[1，100]之间的前若干个可被 23 整除的正整数之和，求使 S>2000 时的最小和数 S。填空完成程序。

```
SET TALK OFF
CLEA
STORE 0 TO S,I
DO WHILE .T.
I=I+1
```

```
IF INT(I/23)=I/23

_____

ELSE

_____

ENDIF
IF S>2000
EXIT
ENDIF
ENDDO
? S
SET TALK ON
RETURN
```
【程序结果】2093

5. 完成程序填空，求 S=14!+16!+18!+20!。（保留整数位）

```
SET TALK OFF
CLEAR
S=0
I=14
DO WHILE I<=20

    _____

    J=1
    DO WHILE J<=I
    T=T*J
    J=J+1
    ENDDO
    S=_____
    I=_____
ENDDO
?S
SET TALK ON
RETURN
```
【程序结果】2439325391850547000

6. 完成下面程序填空，求 24300 以内能被 7 整除的数的个数。（保留整数位）

```
SET TALK OFF
CLEAR
I=1
S=0
DO WHILE .T.
  IF INT(I/7)=I/7
  S=_____
  ENDIF
  IF I>=24300
   EXIT
```

```
        _____
I=I+1
ENDDO
?S
SET TALK ON                    【程序结果】3471
```

7. 完成下面程序填空，求 30000 以内不能被 7 整除的数的个数。（保留整数位）

```
SET TALK OFF
CLEAR
I=1
S=0
DO WHILE .T.
  IF _____<>I/7
  S=_____
  ENDIF
  IF I>=30000
   EXIT
  ENDIF
I=I+1
ENDDO
?S
SET TALK ON                    【程序结果】25715
```

8. 下列程序的功能是计算 1000~10000 之间的奇数之和。请填写合适的命令行，使程序完成其功能。

```
SET TALK OFF
x=999
s=0
DO WHILE .T.
 x=x+1
DO CASE
  CASE x>10000
   EXIT
  CASE MOD(x,2)_____
   LOOP
  OTHERWISE
     _____
ENDCASE
ENDDQ
?s
RETURN                         【程序结果】24750000
```

9. 下列程序的功能是计算 1~13800 之间的偶数之和。请填写合适的命令行，使程序完成其功能。（保留整数位）

```
SET TALK OFF
x=0
s=0
DO WHILE .T.
 x=x+1
DO CASE
   CASE x>13800
    EXIT
   CASE MOD(x,2)_____
    LOOP
   OTHERWISE

   _____

ENDCASE
ENDDO
?s
RETURN                    【程序结果】47616900
```

10. 下列程序的功能是求 6~280 之间的所有偶数的平方和并显示结果。请填空来实现上述功能。（保留整数位）

```
SET TALK OFF
CLEAR
Sum=0
x=6
DO WHILE x<=280
Sum=_____


   _____

ENDDO
  ?Sum                     【程序结果】3697940
```

11. 下列程序解百马百瓦问题。大马、小马和马驹共 100 匹，大马一驮三，小马一驮二，马驹二驮一，共 100 片瓦一次驮完，三种马都驮，共有多少种组合，填空完成程序。（保留整数位）

```
SET TALK OFF
CLEA
S=0
DM=1
DO WHILE DM<=100/3
XM=1
DO WHILE XM<=(100-DM*3)/2
MJ=100-DM-XM
IF DM*3+XM*2+_____=100
S=_____
ENDIF
```

112

```
XM=XM+1

ENDDO

DM=DM+1

ENDDO

? S

RETU                    【程序结果】6
```

12. 下列程序求能被 3 整除且有一位数字为 5 的三位数的个数，填空完成程序。（保留整数位）

```
SET TALK OFF

CLEA

S=0

X=100

DO WHILE X<999

IF MOD(_____)=0

A=INT(X/100)

B=INT(X/10)-A*10

C=X-A*100-B*10

IF A=5.OR.B=5.OR.C=5

S=_____

ENDIF

ENDIF

X=X+1

ENDDO

? S

RETU                    【程序结果】85
```

13. 下列程序求能被 5 整除且有一位数字为 8 的三位数的和，填空完成程序。（保留整数位）

```
SET TALK OFF

CLEA

S=0

X=100

DO WHILE X<999

IF MOD(_____)=0

A=INT(X/100)

B=INT(X/10)-A*10

C=X-A*100-B*10

IF A=8.OR.B=8.OR.C=8

S=_____

ENDIF

ENDIF

X=X+1

ENDDO

? S
```

```
RETU                        【程序结果】25670
```

14. 下列程序求三位数中，个位数字与十位数字之和除以 10 所得的余数是百位数字的偶数的个数，填空完成程序。

```
SET TALK OFF
CLEA
S=0
X=100
DO WHILE X<=999
A=INT(X/100)
B=INT(X/10)-A*10
C=X-A*100-B*10
IF MOD(X,2)=0.AND.MOD(C+B,10)=_____
S=_____
ENDIF
X=X+1
ENDDO
? S
RETURN                      【程序结果】45
```

15. 下列程序求三位数中，个位数字与十位数字之积除以 3 所得的余数是十位数字的奇数和，填空完成程序。

```
SET TALK OFF
CLEA
S=0
X=100
DO WHILE X<=999
A=INT(X/100)
B=INT(X/10)-A*10
C=X-A*100-B*10
IF MOD(X,2)=0.AND.MOD(C*B,3)=_____
S=_____
ENDIF
X=X+1
ENDDO
? S
RETURN                      【程序结果】32022
```

16. 下面程序的功能是判断 2123 年是否为闰年。若是闰年，输出"YES"，否则输出"NO"。请根据功能填空。

```
SET TALK OFF
CLEAR
ANS=" "
Y=2123
```

```
DO SUB WITH Y, ANS
?ANS
SET TALK ON
RETURN
PROCEDURE SUB
PARAMETER _____
ANS=" NO "
IF Y % 4=0 .AND. (Y % 100<>0 .OR. Y % 400=0)
 ANS=" YES "
ENDIF
RETURN
```

【程序结果】NO

17. 下面程序求 1!+3!+5!+…+(2K+1)!，要求在其和大于 5500 时中止程序运行，填空完成程序。（保留整数位）

```
SET TALK OFF
CLEA
I=0
S=0
DO WHILE .T.
I=I+1
IF I/2=INT(I/2)

_____

ENDIF
J=1
SUB=1
DO WHILE J<=I
SUB=_____
J=J+1
ENDDO
S=S+SUB
IF S>5500
EXIT
ENDIF
ENDDO
?S
SET TALK ON
RETU
```

【程序结果】368047

18. 下面程序是计算小于或等于 20000 的所有正偶数的积和正奇数的和,并显示正奇数的和,填空完成程序。

```
SET TALK OFF
CLEAR
S1=1
```

```
S2=0
FOR I=1 TO 200000
IF INT(I/2)=I/2
S1=_____
ELSE
S2=_____
ENDIF
ENDFOR
?S2
RETURN                    【程序结果】10000000000
```

19. 下面程序是计算小于或等于35的所有正奇数的积和正偶数的和,并显示符合条件的正奇数的积，填空完成程序。（保留整数位）

```
SET TALK OFF
CLEAR
S1=_____
S2=0
FOR I=1 TO 35
IF INT(I/2)<>I/2
S1=S1*I
ELSE
S2=_____
ENDIF
ENDFOR
?S1
RETURN                    【程序结果】654729075
```

20. 下面程序是求11100以内所有奇数的和,填空完成程序。（保留整数位）

```
SET TALK OFF
CLEAR
I=0
S=0
DO WHILE I<=11100
I=I+1
IF INT(I/2)=I/2

_____
ENDIF
S=_____
ENDDO
? S
RETU                      【程序结果】30813601
```

21. 下面程序是求1~21之间所有奇数的平方和并显示结果，请填空。（保留小数两位）

```
SET TALK OFF
```

```
CLEAR
S=0
X=1
DO WHILE X_____
IF MOD(X,2)<>0
S=S+X^2
X=_____
ENDIF
ENDDO
? S
RETURN                    【程序结果】235411121.00
```

22．下面程序是求 2203 年各月份中的 15 日有几天是星期二。填空完成程序。（保留整数位）

```
SET TALK OFF
S=1
M=1
N=0
DO WHILE M<=_____
S=LTRIM(STR(M))+"/15/2003"
IF DOW(CTOD(S))=3
N=_____
ENDI
M=M+1
ENDD
?N
RETU                      【程序结果】3
```

23．下面程序是求 30~150 之间所有偶数的平方和并显示结果，请填空。（保留小数两位）

```
SET TALK OFF
CLEAR
S=0
X=30
DO WHILE X_____
IF MOD(X,2)=0
S=S+X^2
X=_____
ENDIF
ENDDO
? S
RETURN                    【程序结果】569740.00
```

24．下面的程序是求 1+3+5+…的奇数之和，若累加数大于 123699 时则结束累加。填空完成程序。（保留整数位）

```
SET TALK OFF
```

```
X=0
Y=0
DO WHILE .T.
STORE _____ TO X
DO CASE
  CASE INT(X/2)=X/2

  _____
  CASE Y>123699

  _____
  OTHE
  Y=Y+X
ENDCASE
ENDDO
?Y
RETURN                    【程序结果】123904
```

25. 下面的程序是求 100~1500 之间的质数（质数是除 1 和本身以外，不能被其他数整除的数）的和。填空完成程序。（保留整数位）

```
SET TALK OFF
CLEAR
S=0
FOR N=100 TO 1500
FLAG=0
FOR I=2 TO SQRT(N)
  IF N/I=INT(N/I)
    FLAG=1
  ENDIF
ENDFOR
IF FLAG=_____
S=_____
ENDIF
ENDFOR
?S
RETURN                    【程序结果】163980
```

26. 下面的程序是求 1~10000 中所有能被 7 和 9 整除的奇数之和，填空完成程序。（保留整数位）

```
SET TALK OFF
CLEAR
I=1
S=0
DO WHILE I<=10000
IF I/7=INT(I/7) .AND. I/9=INT(I/9)
```

118

```
          _____
ENDIF
I=_____
ENDDO
?S
RETURN                    【程序结果】393183
```

27．下面的程序是求 1～1000 中所有能被 5 和 7 整除的奇数之和，填空完成程序。（保留整数位）

```
SET TALK OFF
CLEAR
I=1
S=0
DO WHILE I<=1000
IF I/5=INT(I/5) .AND. I/7=INT(I/7)

_____
ENDIF
I=_____
ENDDO
?S
RETURN                    【程序结果】6860
```

28．下面的程序是求 1～20000 中所有能被 5 和 7 整除的偶数个数，填空完成程序。（保留整数位）

```
  SET TALK OFF
CLEAR
I=0
S=0
DO WHILE I<=20000
IF I/5=INT(I/5) .AND. I/7=INT(I/7)

_____
ENDIF
I=_____
ENDDO
?S
RETURN                    【程序结果】286
```

29．下面的程序是求 2+4+6+…的偶数之和，若结果大于 22500 时则结束。填空完成程序。（保留整数位）

```
SET TALK OFF
X=0
Y=0
DO WHILE .T.
STORE _____ TO X
```

```
DO CASE
CASE INT(X/2)<>X/2
_____
CASE Y>22500
EXIT
OTHE
Y=_____
ENDCASE
ENDDO
?Y
RETURN                    【程序结果】22650
```

30. 下面是计算 1~13 阶乘的程序，其中空缺的命令行请给出。（保留整数位）

```
CLEAR
SET TALK OFF
i=1
DO WHILE .T.
 k=1
 j=1
 DO WHILE j<i+1
   _____
   j=j+1
 ENDDO
 i=i+1
 IF i>13
   _____
 ENDIF
ENDDO
? k
RETURN                    【程序结果】 6227020800
```

三、程序改错题

1. 求出[10,1000]内所有能被 6 和 9 中的一个且只有一个数整除的整数的个数。

```
SET TALK OFF
CLEAR
N=1
FOR X=10 TO 1000
  IF MOD(X,6)=0 OR MOD(X,9)=0
    N=N+X
  ENDIF
ENDFOR
? N
```

```
SET TALK ON
RETURN          【运行结果】165
```

2. 求出[200,1000]内所有能被至少被 2,3,5 中 2 个数整除的整数的和。

```
SET TALK OFF
CLEAR
S=1
FOR X=200 TO 1000
  IF MOD(X,2)=0 OR MOD(X,3)=0 OR MOD(X,5)=0
    S=S+1
  ENDIF
ENDFOR
? S
SET TALK ON
RETURN          【运行结果】127800
```

3. 求最大的自然数 n，使得从 101 开始到 n 中被 3 整除的数之和小于 12000。

```
SET TALK OFF
CLEAR
S=0
FOR N=101 TO 100000
  IF MOD(N,3)=0
    S=S+N/3
    IF S<=12000
      EXIT
    ENDIF
  ENDIF
ENDFOR
? N
SET TALK ON
RETURN          【运行结果】287
```

4. 求使得算式 1*2+2*3+…+n*(n+1)的值大于 60000 的最小的自然数 n。

```
SET TALK OFF
CLEAR
S=0
FOR N=1 TO 1000
  S=S+N*(N+1)
  IF S<60000
    LOOP
  ENDIF
ENDFOR
? N+1
SET TALK ON
```

RETURN   【运行结果】56

5. 求使得算式 1+(1+2)+…+(1+2+…+n)的值小于 10000 的最大的自然数 n。

```
SET TALK OFF
CLEAR
S=0
T=1000
FOR N=1 TO 1000
  S=S+N
  T=T+S
  IF S>=10000
    EXIT
  ENDIF
ENDFOR
? N
SET TALK ON
RETURN                【运行结果】38
```

6. 求出 23579 和 3246 的最小公倍数。

```
SET TALK OFF
CLEAR
A=23579
B=3246
FOR N=1 TO B
  IF MOD(N,B)=0
    LOOP
  ENDIF
ENDFOR
? N*B
SET TALK ON
RETURN                【运行结果】76537434
```

7. 所谓素数是指这样的大于 1 的自然数，除 1 和它本身外不再有其他因子（整除它的数）。计算从 100 开始到 3000 为止，有多少个素数。

```
SET TALK OFF
CLEA
N=0
FOR I=100 TO 3000
  F=1
  FOR J=1 TO I
    IF MOD(I,J)=0
      F=0
      EXIT
    ENDIF
```

```
    ENDFOR
  IF F=0
    N=N+1
  ENDIF
ENDFOR
? N
SET TALK ON
RETURN
```
【运行结果】405

8. 求出 1000 以内的所有素数之和。
```
SET TALK OFF
CLEA
S=0
FOR I=3 TO 1000
  F=1
  FOR J=1 TO I-1
    IF MOD(I,J)=0
      F=0
    ELSE
      EXIT
    ENDIF
  ENDFOR
  IF F=1
    S=S+I
  ENDIF
ENDFOR
? S
SET TALK ON
RETURN
```
【运行结果】76127

9. 求出[1234,9999]内中间两位数字之和等于首尾两位数字之积的数的个数。
```
SET TALK OFF
CLEAR
N=0
FOR X=1234 TO 9999
  A=INT(X/1000)
  B=INT(X/100)
  C=INT(X/10)
  D=MOD(X,10)
  IF B+C#A*D
    N=N+1
  ENDIF
ENDFOR
```

```
? N
SET TALK ON
RETURN            【运行结果】217
```

10．将大于1000且能被3和5中至少一个数整除的所有整数按从小到大顺序排列后，求前面20个数之和。

```
SET TALK OFF
CLEAR
K=0
S=0
X=1000
DO WHILE K<=20
  X=X+1
  IF MOD(X,3)=0 AND MOD(X,5)=0
    S=S+X
    K=K+2
  ENDIF
ENDDO
? S
SET TALK ON
RETURN            【运行结果】20465
```

【参考答案】

一、选择题

1．D	2．A	3．B	4．C	5．C	6．A	7．B	8．B	9．D
10．C	11．D	12．B	13．D	14．B	15．C	16．C	17．B	18．A
19．C	20．D	21．C	22．C	23．A	24．D	25．D	26．C	27．C
28．C	29．D	30．A	31．D	32．D	33．B	34．A	35．A	36．B
37．C	38．C	39．B	40．B	41．D	42．B	43．D	44．A	45．A
46．B	47．D	48．C	49．C	50．B	51．A	52．C	53．C	54．D
55．B	56．A	57．A	58．C	59．C	60．B			

二、选择题

1．s=s+i i+1
2．s=s+1 i+1
3．j,3,1 j,1
4．s=s+I loop
5．t=1 s+t i+2
6．s+1 endif
7．int(i/7) s+1
8．0 s=s+x
9．1 s=s+x
10．sum+x^2 x=x+2

11．mj/2 s+1
12．x,3 s+1
13．x,5 s+x
14．a s+1
15．b s+x
16．Y,ANS
17．loop sub*j
18．s1+i s2+I
19．1 s2+I
20．Loop s+I

21．<=21 x+1
22．12 N+1
23．<=150 x+1
24．x+1 loop exit
25．0 s+n
26．s=s+i i+2
27．s=s+i i+2
28．s=s+i i+2
29．x+1 loop Y+X
30．k=k*j exit

124

三、程序改错题

1. 把 n=1 改为 n=0 i

   把 If mod(x,6)=0 or mod(x,9)=0 改为

   if mod(x,6)=0 and mod(x,9)!=0 or mod(x,6)!=0 and mod(x,9)=0

   把 n=n+x 改为 n=n+1

2. 把 s=1 改为 s=0

   把 if mod(x,2)=0 or mod(x,3)=0 or mod(x,5)=0 改为

   　 If mod(x, 6)=0 or mod(x,10)=0 or mod(x,15)=0

3. 把 s=s+n/2 改为 s=s+n

   把 if s<=12000 改为 if s>=12000

   把? n 改为?n-1

4. 把 s<60000 改为 s>60000

   把 loop 改为 exit

   把? n+1 改为?n

5. 把 t=1000 改为 t=0

   把 if s>=10000 改为 if t>=10000

   把?n 改为?n-1

6. 把 if mod(n,b)=0 改为 if mod(n*a,b)=0

   把?n*b 改为?n*a

7. 把 for j=1 to i 改为 for j=2 to i-1

   把 if f=0 改为 if f=1

8. 把 s=0 改为 s=2

   把 for j=1 to i-1 改为 for j=2 to i-1

   把 else 和 exit 删除

9. 把 b=int(x/100)改为 b=int(x/100)%10

   把 c=int(x/10)改为 c=int(x/10)%10

   把 if b+c#a*d 改为 if b+c=a*d

10. 把 do while k<=20 改为 do while k<20

    把 if mod(x,3)=0 and mod(x,5)=0 改为 if mod(x,3)=0 or mod(x,5)=0

    把 k=k+2 改为 k=k+1

单元 16 表单设计习题

一、选择题

1. 表单文件的扩展名是＿＿＿＿。
   A．.SCX   B．.SCT   C．.PJX   D．.VCT

2. 当调用表单的 Show 方法时，可能激发表单的＿＿＿＿。
   A．Load 事件   B．Init 事件   C．Activate 事件   D．Click 事件

3. 组合框的内容进行一次新的选择，一定发生的事件是＿＿＿＿。
   A．Change   B．Interactivechange   C．When   D．Click

4. 创建对象时发生＿＿＿＿事件。
   A．Init   B．Load   C．InteractiveChange   D．Activate

5. 用表单设计器设计表单，下列叙述中错误的是＿＿＿＿。
   A．可以创建表单集   B．可以向表单添加新属性和方法
   C．可以对表单添加新事件   D．数据环境对象可以加到表单中

6. 表单的 Name 属性用于＿＿＿＿。
   A．作为保存表单时的文件名   B．引用表单对象
   C．显示运行表单标题栏中   D．作为运行表单时的表单名

7. 可以在表单的数据环境中添加的是＿＿＿＿。
   A．表   B．表之间的临时关系
   C．查询   D．视图

8. 可改写计数属性的容器是＿＿＿＿。
   A．表单集、表格、页框、页面   B．命令按钮组、选项按钮组、表格、页框
   C．表单、列、页面、容器   D．页面、表单、工具栏、SCREEN

9. 对象的＿＿＿＿是指对象可以执行的动作或它的行为。
   A．事件   B．属性 Load
   C．方法   D．控件

10. 按钮的 Name 属性用于＿＿＿＿。
    A．作为按钮上的文字   B．按钮对象的引用名
    C．按钮的属性名   D．以上都不是

11. 下面关于 OLE 对象的说法中错误的是＿＿＿＿。
    A．可插入的 OLE 对象只能来自于支持 OLE 的应用程序，例如，Excel 和 Word
    B．一个 OLE 对象，只能是图片、声音和 Excel、Word 文档
    C．在表单中，可以用绑定型 OLE 对象来显示通用型字段中 OLE 对象的内容
    D．使用表单设计器可以创建绑定型 OLE 对象

12. 一个按钮，若要在单击按钮后，按钮销毁，需要在 Click 事件中写代码＿＿＿＿。

A. Release this   B. Destroy this

C. Destroy   D. Quit

13. 表单生成器的作用是_____。

  A. 创建和修改表单   B. 添加字段，作为表单的新控件

  C. 创建新表单   D. 以上都是

14. 用来确定控件是否可见的属性是_____。

  A. Enabled   B. Default

  C. Caption   D. Visible

15. 用来显示控件上的文字的属性是_____。

  A. Enabled   B. Default

  C. Caption   D. Visible

16. 运行表单的命令是_____。

  A. RUN FORM   B. EXECUTE FORM

  C. DO FORM   D. START FORM

17. 打开已有表单文件的命令是_____。

  A. REPLACE FORM   B. CHANGE FORM

  C. EDIT FORM   D. MODIFY FORM

18. 在列表框中使用哪个属性判定列表项是否被选中_____。

  A. Checked   B. Check   C. Value   D. Selected

19. 可以选择多项的控件是_____。

  A. 组合框   B. 列表框   C. 下拉列表框   D. 选项组

20. 为了在文本框输入显示"*"，应该设置文本框的属性是_____。

  A. PasswordChar   B. PasswordAttr   C. Password   D. PasswordWord

21. 在表单设计阶段，以下说法不正确的是_____。

  A. 拖动表单上的对象，可以改变该对象在表单上的位置

  B. 拖动表单上对象的边框，可以改变该对象的大小

  C. 通过设置表单上对象的属性，可以改变对象的大小和位置

  D. 表单上对象一旦建立，其位置和大小均不能改变

22. 在表单设计器的属性窗口中设置表单或其他控件对象的属性时，以下正确的叙述是_____。

  A. 以斜体字显示的属性值是只读属性、不可以修改

  B. "全部"选项卡包含了"数据"选项卡中的内容，但不包含"方法程序"选项卡中的内容

  C. 表单的属性描述了表单的行为

  D. 以上都正确

23. 在 Visual FoxPro 中创建表单的命令是_____。

  A. CREATE FORM   B. CREATE ITEM

  C. NEW ITEM   D. NEW FORM

24. 为了改变表单上表格对象中字段的显示顺序，应该设置_____。

  A. 表单的 Caption 属性   B. 表格对象的 ColumnCount 属性

  C. 表单对象的 ChildOrder 属性   D. 表格中列对象的 ColumnOrder 属性

25. 下述描述中不正确的是_____。
  A. 表单是容器类对象　　　　　　　　　　B. 表格是容器类对象
  C. 选项组是容器类对象　　　　　　　　　　D. 命令按钮是容器类对象
26. 修改表单 MyForm 的正确命令是_____。
  A. MODIFY COMMANDMyForm　　　　　　B. MODIFY FORM MyForm
  C. DO MyForm　　　　　　　　　　　　　　D. EDIT MyForm
27. 对象的 Click 事件的正确叙述是_____。
  A. 用鼠标双击对象时引发　　　　　　　　B. 用鼠标单击对象时引发
  C. 用鼠标右键单击对象时引发　　　　　　D. 用鼠标右键双击对象时引发
28. 在 Visual FoxPro 中，表单(Form)是指_____。
  A. 数据库中表的清单　　　　　　　　　　B. 一个表中的记录清单
  C. 数据库查询结果的列表　　　　　　　　D. 窗口界面
29. 表单的 Caption 属性用于_____。
  A. 指定表单执行的程序　　　　　　　　　B. 指定表单的标题
  C. 指定表单是否可用　　　　　　　　　　D. 指定表单是否可见
30. 关闭表单的代码是 ThisForm.Release，其中的 Release 是表单对象的_____。
  A. 方法　　　　　　B. 属性　　　　　　　C. 事件　　　　　　D. 标题
31. 计时器控件的主要属性是_____。
  A. Enabled　　　　B. Caption　　　　　C. Interval　　　　D. Value
32. 下面关于命令 DO FORM XX NAME YY LINKED 的陈述中，_____是正确的。
  A. 产生表单对象引用变量 XX，在释放变量 XX 时自动关闭表单
  B. 产生表单对象引用变量 XX，在释放变量 XX 时并不关闭表单
  C. 产生表单对象引用变量 YY，在释放变量 YY 时自动关闭表单
  D. 产生表单对象引用变量 YY，在释放变量 YY 时并不关闭表单
33. 能够将表单的 Visible 属性设置为.T.，并使表单成为活动对象的方法是_____。
  A. Hide　　　　　　B. Show　　　　　　　C. Release　　　　　D. SetFocus
34. 下面对编辑框(EditBox)控件属性的描述正确的是_____。
  A. SelLength 属性的设置可以小于 0
  B. 当 ScrollBars 的属性值为 0 时，编辑框内包含水平滚动条
  C. SelText 属性在做界面设计时不可用，在运行时可读写
  D. Readonly 属性值为.T.时，用户不能使用编辑框上的滚动条
35. 为表单 MyForm 添加事件或方法代码，改变该表单中的控件 Cmd1 的 Caption 属性的正确命令是_____。
  A. Myform.Cmdl.Caption="最后一个"
  B. THIS.Cmdl.Caption="最后一个"
  C. THISFORM.Cmdl.Caption="最后一个"
  D. THISFRMSET.Cmdl.Caption="最后一个"
36. 用来确定控件是否起作用的属性是_____。
  A. Enabled　　　　B. Default　　　　　C. Caption　　　　　D. Visible
37. 表单在项目管理器的哪个选项卡下管理_____。
  A. 表单选项卡　　　B. 其他选项卡　　　C. 文档选项卡　　　D. 程序选项卡

38．新创建的第一个表单，其默认的标题是_____。

    A．Caption 1　　　　B．Title　　　　　　C．Bar1　　　　　　D．Form1

39．面向对象程序设计是靠_____来驱动程序的。

    A．函数　　　　　　B．过程　　　　　　C．事件　　　　　　D．调用

40．将表单窗口置于屏幕中央显示的属性是_____。

    A．Caption　　　　B．AutoCenter　　　C．AutoSize　　　　D．Title

41．假定表单中包含一个命令按钮，那么在运行表单时，下面有关事件引发次序的陈述中，_____是正确的。

    A．先命令按钮的 Init 事件，然后表单的 Init 事件，最后表单的 Load 事件

    B．先表单的 Init 事件，然后命令按钮的 Init 事件，最后表单的 Load 事件

    C．先表单的 Load 事件，然后表单的 Init 事件，最后命令按钮的 Init 事件

    D．先表单的 Load 事件，然后命令按钮的 Init 事件，最后表单的 Init 事件

42．用来指明复选框的当前状态的属性是_____。

    A．Selected　　　　B．Caption　　　　C．Value　　　　　D．ControlSource

43．确定列表框内的某个条目是否被选定应使用的属性是_____。

    A．Value　　　　　B．ColumnCount　　C．ListCount　　　　D．Selected

44．下面对控件的描述正确的是_____。

    A．用户可以在组合框中进行多重选择

    B．用户可以在列表框中进行多重选择

    C．用户可以在一个选项组中选中多个选项按钮

    D．用户对一个表单内的一组复选框只能选中其中一个

45．下面关于表单控件基本操作的陈述中，_____是不正确的。

    A．要在"表单控件"工具栏中显示某个类库文件中自定义类，可以单击表单控件工具栏中的"查看类"按钮，然后在弹出的菜单中选择"添加"命令

    B．要在表单中复制某个控件，可以按住 Ctrl 键并拖放该控件

    C．要使表单中所有被选控件具有相同的大小，可单击"布局"工具栏中的"相同大小"按钮

    D．要将某个控件的 Tab 序号设置为 1，可在进入 Tab 键次序方式设置状态后，双击控件的 Tab 键次序盒

46．在表单设计器环境下，要选定表单中某选项组里的某个选项按钮，可以_____。

    A．单击选项按钮

    B．双击选项按钮

    C．先单击选项组，并选择"编辑"命令，然后再单击选项按钮

    D．以上 B 和 C 都可以

47．假定一个表单里有一个文本框 Text1 和一个命令按钮组 CommandGroup1，命令按钮组是一个容器对象，其中包含 Command1 和 Command2 两个命令按钮，如果要在 Command1 命令按钮的某个方法中访问文本框的 Value 属性值，下面_____式子是正确的。

    A．This.ThisForm.Text1.Value　　　　　B．This.Parent.parent.Text1.Value

    C．Parent.Parent.Text1.Value　　　　　D．This.parent.Text1.Value

48．如果需要在 Myform=CreateObject("Form")所创建的表单对象 Myform 中添加 command1 按钮对象，应当使用命令_____。

A. Add Object Command1 AS commandbutton

B. Myform.Addobject("command1", "commandbutton")

C. Myform.Addobject("commandbutton","command1")

D. command1=Addobject("comand1","commandbutton")

49. 下面对于控件类的各种描述中，_____是错误的。

A. 控件类用于进行一种或多种相关的控制

B. 可以对控件类对象中的组件单独进行修改或操作

C. 控件类一般作为容器类中的控件

D. 控件类的封装性比容器类更加严密

50. 不可以作为文本框控件数据来源的是_____。

A. 数值型字段　　B. 内存变量　　　　C. 字符型字段　　　D. 备注型字段

51. 使控件获得焦点，应该调用控件的_____方法。

A. Timer　　　　B. Gotfocus　　　　C. Click　　　　　D. Setfocus

52. 如果想使一个命令按钮组控件包括 3 个按钮，可将其_____属性设置为 3。

A. Visible　　　B. ButtonCount　　C. ControlSource　D. Buttons

53. 当表单被读入内存来调用时，首先触发的事件是_____。

A. Load　　　　B. Init　　　　　C. Release　　　　D. Activate

54. 利用计时器控件的_____事件来实现定时执行规定操作代码。

A. Timer　　　　B. Interval　　　　C. Click　　　　　D. Setfocus

55. 对象的属性是指_____。

A. 对象所具有的行为　　　　　　B. 对象所具有的动作

C. 对象所具有的特征和状态　　　D. 对象所具有的继承性

56. 下列关于事件的描述，不正确的是_____。

A. 事件可以由系统产生　　　　　B. 事件是由对象识别的一个动作

C. 事件可以由用户的操作产生　　D. 事件就是方法

57. 以下特点中不属于面向对象程序设计的特点的是_____。

A. 单一性　　　B. 继承性　　　　　C. 封装性　　　　　D. 多态性

58. 下列对类的描述，错误的是_____。

A. 类是对一组对象的描述　　　　B. 子类可以继承父类的所有方法和属性

C. 类具有继承性、封装性、多态性　D. 子类和父类是可以相互派生的

59. 要刷新表单，使用的命令语句是_____。

A. Thisform.Refresh　　　　　　B. Form.hide

C. Thisform.Close　　　　　　　D. Thisform.Release

60. 用来处理多行文本内容的控件是_____。

A. 文本框　　　B. 编辑框　　　　　C. 组合框　　　　　D. 列表框

61. 用于显示多个选项，只允许从中选择一项的控件是_____。

A. 命令按钮组　B. 命令按钮　　　　C. 选项按钮组　　　D. 复选框

62. 表单中一个页框控件，上面有 5 个页面，在表单运行后可以同时显示_____个活动页面。

A. 5　　　　　　B. 4　　　　　　　C. 3　　　　　　　D. 1

二、填空题

1. "表单设计器"工具栏有设置 Tab 次序、_____、_____、代码窗口、_____、调色板工具栏、_____、_____和_____。

2. 表单的"数据环境"记录了与表单相关的_____或_____以及_____的关系。

3. 调色板工具栏中可以调整表单或控件对象的_____和_____。

4. 若要精确移动表单控件，可以修改控件的_____和_____属性。

5. 利用表单控件工具栏添加控件的操作方法是：启动_____，单击_____工具栏上的控件按钮，屏幕上会出现"十"字型鼠标指针，在适当的位置单击并拖动鼠标_____，当控件的大小合适时放开鼠标左键，当界面上出现一个周围是_____的图形时，即把由所选的控件生成的对象添加到了表单上。

6. 运行表单时可利用_____和_____方式来获得表单中控件的焦点次序。

7. 一般释放表单选用的事件是_____，相应的命令是_____。

8. 打开"事件跟踪器"来跟踪事件，把表单在运行过程中所发生的事件记录下来的操作方法是：单击系统菜单栏中的_____菜单下的_____命令。

9. Thisform.refresh 的含义是_____。

10. 用于指定表单是"顶层表单"还是子表单的属性是_____。

11. 表单控件工具栏中的"标签"按钮代表的是标签_____。

12. 表单 form1 上有一个命令按钮组控件 CG（容器控件），命令按钮组控件 CG 中包括两个命令按钮 Cmd1 和 Cmd2，若当前对象为 Cmd1，则 this.parent 所指的控件是_____。

13. 用当前表单中的 LABEL1 控件来显示系统时间的语句是：THISFORM.LABEL1._____=TIME()。

14. FONTBOLD 属性，用来设置文字是否以_____体显示。

15. 控件的_____属性，可用来设置文字的字号大小。

16. 在 Visual FoxPro 中运行表单时，表单的 Activate 事件发生在 Init 事件之_____。

17. 表单设计中，引用当前对象的关键字为_____。

18. 为图像控件指定图片(如.bmp 文件)文件的属性是_____。

19. 对象的引用可分为相对引用和_____引用。

20. 在面向对象的程序设计中，把对象可以识别的用户和系统的动作称为_____。

三、判断题

1. 在表单设计中，计时器控件是可见的，当运行表单后，计时器控件是不可见的。（　　）

2. 要设置调用 Timer 事件的时间间隔为 1 秒，应把计时器控件的 Interval 属性值设置为 1000。（　　）

3. 选择表单上的多个控件的方法是按住 Shift 键的同时，用鼠标依次单击所要选的控件，即可同时选定多个控件。（　　）

4. 命令按钮组控件是一个非容器控件。（　　）

四、综合设计题

请设计如下所示的表单。要求：单击左上角文本框，标语变换，两个按钮控制画圆和擦除。

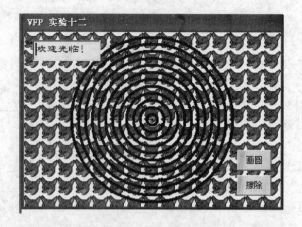

【参考答案】

一、选择题

1. A　2. C　3. B　4. A　5. B　6. B　7. A　8. B　9. C

10. B　11. B　12. A　13. B　14. D　15. C　16. C　17. D　18. D

19. B　20. A　21. D　22. A　23. A　24. D　25. D　26. B　27. B

28. D　29. B　30. A　31. C　32. C　33. B　34. C　35. C　36. A

37. C　38. D　39. C　40. B　41. D　42. C　43. D　44. B　45. B

46. C　47. B　48. C　49. B　50. D　51. C　52. B　53. A　54. A

55. C　56. D　57. A　58. D　59. A　60. B　61. C　62. D

二、填空题

1. 数据环境　属性窗口　表单控件工具栏　布局工具栏　表单生成器　自动格式

2. 表　视图　表间　　　　3. 前景色　背景色　　　　4. Left Top

5. 表单设计器　表单控件　左键　八个小黑方块

6. 交互方式　列表　　　7. Click Thisform.. Release　　　8. 工具　调试器

9. 刷新表单　　　　　　10. ShowWindow　　　　　　　11. 类

12. 命令按钮组　　　　　13. Caption　　　　　　　　　14. 粗

15. Fontsize　　　　　　16. 后　　　　　　　　　　　17. This

18. Picture　　　　　　 19. 绝对　　　　　　　　　　20. 事件

三、判断题

1. 对　　　　2. 对　　　　3. 对　　　　4. 错

四、综合设计题

操作提要：

（1）新建空表单：在命令窗口输入命令 MODI FORM s12-1，在属性窗口定义表单的 Caption 属性为"VFP 实验十二"，Picture 属性以一幅画作背景，ControlBox 为.F.，去掉左上角的图标。

（2）表单的 LOAD 事件代码的设置：双击表单窗口打开代码编辑窗口→在对象组合框中确定表单选项，在过程组合框中确定 LOAD 事件选项→在列表框中输入代码：PUBLIC I,为公共变量→保存为 S12-1.SCX。

（3）创建文本框：单击表单控件工具栏中的文本框按钮，在表单左上角插入一个 TEXT1 文本框控件→在属性窗口定义 TEXT1 的属性，高(Height)30，宽（Width）120，黄底 (BackColor=255,255,128)，隶书(FontName)，字号（FontSize）12，红色字（ForeColor=255,0,0）→

双击文本框写入其 Click 事件编码:

```
if I=.t.
THISFORM.TEXT1.VALUE= " 欢迎光临! "
I=.F.
ELSE
    THISFORM.TEXT1.VALUE= " 感谢指导! "
    I=.T.
ENDIF
```

（4）创建按钮：单击表单控件工具栏中的命令按钮，在表单右下角插两个按钮控件→在属性窗口定义 Command1、Command2 的属性,高为 30，宽为 50，Caption 属性为"画圆"和"擦除"→分别双击画圆、擦除按钮写入其 Click 事件代码调用过程。

```
        画圆:
        THISFORM.SCALEMODE=3
        X= THISFORM.WIDTH/2
        Y= THISFORM.HEIGHT/2
        MAX=IIF(X<Y,X,Y)
         FOR R=0 TO MAX STEP 10
THISFORM.Circle (R,X,Y)
         ENDFOR
        擦除:
        THISFORM.Cls
```

（5）定义 form1 的 DrawWidth=4 式圆的线条变宽。

（6）保存该表单。

（7）执行表单：选择"表单"菜单下的"执行表单"命令。

单元 17 报表与标签设计习题

一、选择题

1. 报表数据库源可以是_____。
   A．自由表和其他报表　　　　　　　　B．自由表和数据库表
   C．自由表、数据库表和视图　　　　　D．自由表、数据库表、查询和视图

2. 下列选项中属于报表文件的扩展名的是_____。
   A．.FRX　　　　　B．.MNX　　　　　C．.FPT　　　　　D．.FRT

3. 报表的数据库源可以是数据库表、视图、查询或_____。
   A．表单　　　　　B．临时表　　　　　C．记录　　　　　D．以上都不是

4. 使用菜单操作方法在当前目录下建立报表文件 TEST_REPORT.FRX 后，在命令窗口生成的命令是_____。
   A．OPEN REPORT TEST_REPORT.FRX
   B．MODIFY REPORT TEST_REPORT.FRX
   C．DO REPORT TEST_REPORT.FRX
   D．CREATE REPORT TEST_REPORT.FRX

5. 报表中加入图片_____。
   A．允许　　　　　B．不允许　　　　　C．也可、也不可　　　　　D．以上答案都不对

6. 报表的标题打印方式为_____。
   A．每页打印一次　　　　　　　　　　B．每列打印一次
   C．每个报表打印一次　　　　　　　　D．每组打印一次

7. 表头的设计包括_____。
   A．页标头　　　　　B．列标头　　　　　C．组标头　　　　　D．以上都是

8. 在"报表设计器"中，可以使用的控件是_____。
   A．标签、域控件和线条　　　　　　　B．标签、域控件和列表框
   C．标签、文本框和列表框　　　　　　D．布局和数据源

9. 在报表设计器中的空值（NULL）的含义是_____。
   A．空字符串　　　　　B．空白　　　　　C．数值 0　　　　　D．缺值

10. 系统变量_PAGENO 是_____。
    A．返回当前打印的报表日期　　　　　B．返回已经打印的报表页数
    C．返回当前打印的报表页数　　　　　D．返回还未打印的报表页数

11. 在创建快速报表时，基本带区包括_____。
    A．标题、细节和总结　　　　　　　　B．页标头、细节和页注脚
    C．组标头、细节和组注脚　　　　　　D．报表标题、细节和页注脚

12. 使用报表向导定义报表时，定义报表布局的选项是_____。

A．列数、方向、字段布局　　　　　　　　B．列数、行数、字段布局

C．行数、方向、字段布局　　　　　　　　D．列数、行数、方向

13．如果要创建一个数据组分组报表，第一个分组表达式是"部门"，第二个分组表达式是"性别"，第三个分组表达式是"基本工资"，当前索引的索引表达式应当是＿＿＿＿＿＿。

A．部门＋性别＋基本工资　　　　　　　B．部门＋性别＋STR(基本工资)

C．STR(基本工资)＋性别＋部门　　　　　D．性别＋部门＋STR(基本工资)

14．在项目管理器的＿＿＿＿＿＿选项卡下管理报表。

A．报表　　　　　B．程序　　　　　　C．文档　　　　　D．其他

15．为了在报表中加入一个文字说明，这时应该插入一个＿＿＿＿＿＿。

A．表达式控件　　B．域控件　　　　　C．标签控件　　　D．文本控件

16．设计报表不需要定义报表的＿＿＿＿＿＿。

A．标题　　　　　B．细节　　　　　　C．页标头　　　　D．输出方式

17．报表布局包括＿＿＿＿＿＿等设计工作。

A．字段和变量的安排

B．报表的表头、字段及字段的安排和报表的表尾

C．报表的表头和报表的表尾

D．以上都不是

18．报表以视图或查询为数据源是为了对输出记录进行＿＿＿＿＿＿。

A．筛选　　　　　　　　　　　　　　　B．排序和分组

C．分组　　　　　　　　　　　　　　　D．筛选、分组和排序

19．以下说法哪个是正确的＿＿＿＿＿＿。

A．报表必须有别名　　　　　　　　　　B．必须设置报表的数据源

C．报表的数据源不能是视图　　　　　　D．报表的数据源可以是临时表

20．不属于常用报表布局的是＿＿＿＿＿＿。

A．行报表　　　　B．列报表　　　　　C．多行报表　　　D．多栏报表

21．设计报表，要打开＿＿＿＿＿＿。

A．表设计器　　　B．表单设计器　　　C．报表设计器　　D．数据库设计器

22．报表控件没有＿＿＿＿＿＿。

A．标签　　　　　B．线条　　　　　　C．矩形　　　　　D．命令按钮控件

23．使用＿＿＿＿＿＿工具栏可以在报表或表单上对齐和调整控件的位置。

A．调色板　　　　B．布局　　　　　　C．表单控件　　　D．表单设计器

二、填空题

1．设计报表通常包括＿＿＿＿＿＿和＿＿＿＿＿＿两部分内容。

2．"图片/Active X 绑定控件"按钮用于显示＿＿＿＿＿＿和＿＿＿＿＿＿的内容。

3．如果已对报表进行了数据分组，报表会自动包含＿＿＿＿＿＿和＿＿＿＿＿＿。

4．多栏报表的数目可以通过＿＿＿＿＿＿＿来设置。

5．Visual FoxPro 6.0 提供了 3 种创建报表的方法，它们分别是＿＿＿＿＿＿、＿＿＿＿＿＿和＿＿＿＿＿＿。

6．在利用"报表向导"创建报表时，可以在"向导选取"对话框中选取＿＿＿＿＿＿向导和＿＿＿＿＿＿向导。

7．使用 _____ 创建报表比较灵活，不但可以设计报表布局，规划数据在页面上的打印位置，而且可以添加各种控件。

8．如果要利用 Visual FoxPro 6.0 的"快速报表"功能创建报表，首先应打开一个新的 _____，然后选择"报表"菜单中的 _____ 命令。

9．在"报表设计器"中设计报表时，带区的作用是控制数据在页面上的 _____。

10．对于页标头带区，系统将在 _____ 打印一次该带区所包含的内容；而对于标题带区，系统将在 _____ 时打印一次该带区所包含的内容。

11．为了在报表中加入一个文字说明，应该在适当的带区中插入一个 _____ 控件。

12．为修改报表而打开"报表设计器"的命令是 _____。

13．打开报表的"数据环境设计器"之后，将其中的字符型数据字段拖到报表设计器的带区中将自动产生一个对应的 _____，将通用型字段拖到报表设计器的带区中将自动产生一个对应的 _____。

14．创建报表分组需要按 _____ 进行索引或排序，否则不能确保正确的分组。

15．为了在报表中显示一个表达式的值，首先应该在报表中加入一个 _____ 控件。

16．为了保证分组中数据的正确，报表数据源中的数据应该事先按照某种顺序索引或 _____。

17．创建报表完成后，打印报表的命令是 _____。

18．一个典型的数据库应用系统应包含数据库、表单、菜单、程序、 _____。

【参考答案】

一、选择题

 1．C 2．C 3．B 4．D 5．A 6．C 7．D 8．A 9．D
10．C 11．B 12．A 13．B 14．C 15．C 16．D 17．B 18．D
19．C 20．C 21．C 22．D 23．B

二、选择题

1．报表数据源 报表布局
2．图片 通用型字段
3．组标头 组注脚
4．列数
5．报表向导 报表设计器 快速报表
6．报表 一对多报表
7．报表设计器
8．报表设计器 快速报表
9．打印位置

10．每一页 报表开始
11．标签
12．MODIFY REPORT
13．域控件 图片/Active X 绑定控件
14．分组表达式
15．域
16．排序
17．REPORT FORM
18．报表

单元 18　菜单与工具栏设计习题

一、选择题

1. 如果改变标尺刻度为像素，则需要在_____。
   A. "格式"菜单中选择"设置网格刻度"命令
   B. "工具"菜单中选择"设置网格刻度"命令
   C. "格式"菜单中选择"选项"命令
   D. "工具"菜单中选择"选项"命令

2. 如果菜单项的名称为"输入"，热键是 S，在菜单名称一栏中应输入_____。
   A. （\S）　　　　　　　B. （Alt+S）　　　　　　C. （\<S）　　　　　　　　D. （S）

3. 使用 Visual FoxPro 的菜单设计器时，选中菜单项之后，如果要设计它的子菜单，应在"结果"中选择_____。
   A. 子菜单　　　　　B. 菜单项　　　　　　C. 命令　　　　　　　　D. 过程

4. 假设已经生成了文件名为 MYMENU.MPR 的菜单，为了执行此菜单应在"命令"窗口中输入_____命令。
   A. DO MYMENU　　　　　　　　　B. DO MYMENU.MPR
   C. DO MYMENU.PJX　　　　　　　D. DO MYMENU.MNX

5. 将一个设计完成并预览成功的菜单保存后却无法在其他程序中调用，其原因通常是_____。
   A. 没有以命令方式方式执行　　　B. 没有生成菜单程序
   C. 没有放入项目管理器中　　　　D. 没有放在执行的文件夹下

6. 利用菜单生成器制作下拉菜单，对每个菜单项目必须定义的是_____。
   A. 菜单项目的名称　　　　　　　B. 菜单项目是否可选的条件
   C. 激活菜单项目的快捷键　　　　D. 菜单项目的提示和执行的命令

7. 下列_____命令将屏蔽系统菜单。
   A. SET SYSMENU AUTOMATIC　　　B. SET SYSMENU ON
   C. SET SYSMENU OFF　　　　　　　D. SET SYSMENU TO DEFAULT

8. 菜单设计器窗口中的_____可用于上、下级菜单之间进行切换。
   A. 菜单级　　　　B. 插入　　　　　C. 菜单项　　　　D. 预览

9. 某个菜单项目的名称为"帮助"，如果需要为该菜单项设置热键 Alt+H，则需要在菜单生成器对话框的"名称"栏目中设置为_____。
   A. Alt+H　　　　B. \<H　　　　　C. <H　　　　D. Alt+\<H

二、填空题

1. 弹出式菜单可以分组，插入分组线的方法是在"菜单名称"项中输入_____两个字符。

2．要为表单设计下拉菜单，首先需要在菜单设计时，在"常规选项"对话框中选择"顶层表单"复选框；其次要将表单的 Show Window 属性值设置为_____，使其成为顶层表单；最后需要在表单位的_____事件代码中添加调用菜单程序的命令。

3．若在菜单设计器中的"提示选项"对话框中的"跳过"选项框中指定的表达式值为_____，则菜单项以灰色显示，表示该菜单项目前不可以使用。

4．在 Visual FoxPro 中，使用_____可以创建下拉菜单，使用_____可以创建快捷菜单。

5．在项目管理器的_____选项卡下可以用来管理菜单。

6．用菜单设计器设计的菜单文件的扩展名是_____，生成的菜单程序文件扩展名是_____，在程序文件中调用菜单文件的命令格式是_____。

7．菜单设计器主要由_____、_____、_____、_____、_____、_____六个部分组成。

8．设计菜单要完成的最终操作是_____。

9．恢复 Visual FoxPro 系统菜单的命令是_____。

10．Visual FoxPro 支持两种类型的菜单，它们是_____、_____。

三、判断题

1．在命令窗口中创建菜单，应使用 Create Menu 命令。　　　　　　（　　）

2．可以直接运行扩展名为.MNX 的菜单文件。　　　　　　　　（　　）

3．在 Visual FoxPro 中，系统菜单名称为 SYSMENU。　　　　　　（　　）

4．在 Visual FoxPro 中，必须在表单集中添加工具栏类对象。　　　（　　）

5．菜单其实是一种提供给用户选择、操作的工具。　　　　　　　（　　）

6．可以使用表单实现菜单的功能。　　　　　　　　　　　　　　（　　）

【参考答案】

一、选择题

1．A　2．C　3．A　4．B　5．B　6．A　7．C　8．A　9．B

二、填空题

1．\\-

2．2-作为顶层表单　　　Iint

3．.T.

4．菜单设计器　　　快捷菜单设计器

5．其他

6．.MNX　　　.MPR　　　DO<菜单主文件名.MPR>

7．菜单名称　菜单项　结果　菜单级　预览　选项

8．生成菜单程序

9．SET SYSMENU TO DEFAULT

10．条形菜单　　　　弹出式菜单

三 、判断题

1．对　　2．错　　3．对　　4．对　　5．对　　6．对

上机模拟和二级笔试真题篇

上机模拟测试一及解题分析

一、基本操作（共4小题，1题2题各7分，3题4题各8分，计30分）

在考生文件夹下完成如下操作。

1. 新建一个名为"饭店管理"的项目。

2. 在新建的项目中建立一个名为"使用零件情况"的数据库，并将考生目录下的所有自由表添加到该数据库中。

3. 修改"零件信息"表的结构，增加一个字段，字段名为"规格"，类型为字符型，长度为8。

4. 打开并修改 mymenu 菜单文件，为菜单项"查找"设置快捷键 Ctrl+T。

二、简单应用（2小题，每题20分，计40分）

在考生文件夹下完成如下简单应用。

1. 用 SQL 语句完成下列操作：查询与项目号"s1"的项目所使用的任意一个零件相同的项目号、项目名、零件号和零件名称（包括项目号 s1 自身），结果按项目号降序排序，并存放于 item_temp.dbf 中，同时将你所使用的 SQL 语句存储于新建的文本文件 item.txt 中。

2. 根据零件信息、使用零件和项目信息三个表，利用视图设计器建立一个视图 view_item，该视图的属性列由项目号、项目名、零件名称、单价、数量组成，记录按项目号升序排序，筛选条件是：项目号为"s2"。

三、综合应用（1小题，计30分）

设计一个文件名和表单名均为 form_item 的表单，所有控件的属性必须在表单设计器的属性窗口中设置。表单的标题设为"使用零件情况统计"。表单中有一个组合框（Combo1）、一个文本框（Text1）和两个命令按钮"统计"（Command1）和"退出"（Command2）。

运行表单时，组合框中有三个条目"s1"、"s2"、"s3"（只有三个，不能输入新的，RowSourceType 的属性为"数组"，Style 的属性为"下拉列表框"）可供选择，单击"统计"命令按钮以后，则文本框显示出该项目所用零件的金额（某种零件的金额=单价*数量）。

单击"退出"按钮关闭表单。

【解题分析】

一、基本操作

【考核点】项目的建立，将数据库添加到项目中，将自由表添加到数据库中，菜单中快捷键的建立。

【解题思路】

1．建立项目。

创建项目可用"文件"菜单中的"新建"命令。

2．将数据库加入到项目中。

在项目管理器的"数据"选项卡选择数据库，单击"添加"，在"打开"对话框中选择要添加的数据库。

3．将自由表添加到数据库中，可以在项目管理器或数据库设计器中完成。在数据库设计器中可以从"数据库"菜单或在数据库设计器上单击右键弹出的菜单中选择"添加表"，然后在"打开"对话框中选择要添加到当前数据库的自由表。还可用 ADD TABLE 命令添加一个自由表到当前数据库中。

4．菜单中快捷键的建立，主要是在菜单设计器中完成，具体操作如下：

双击考生文件夹下的"mymenu.mnx"，在弹出的菜单设计器中单击"文件"，单击"编辑"按钮，单击"查找"菜单项下的按钮，在弹出的"提示选项"对话框中的键标签处按下 CTRL+T，单击"确定"按钮，在 Visual FoxPro 的主菜单栏中点击"菜单|生成"。

二、简单应用

【考核点】SQL 查询语句，查询去向，子查询，利用视图设计器建立视图等。

【解题思路】

1．在命令窗口中输入如下语句

select 项目信息.项目号, 项目信息.项目名, 零件信息.零件号,零件信息.零件名称;

from 零件信息 inner join 使用零件;

inner join 项目信息;

on 使用零件.项目号 = 项目信息.项目号;

on 零件信息.零件号 = 使用零件.零件号;

where 使用零件.零件号 in (select 零件号 from 使用零件 where 项目号="s1");

into table item_temp order by 使用零件.项目号 desc

或者：

select 项目信息.项目号, 项目信息.项目名, 零件信息.零件号,;

零件信息.零件名称;

from 零件信息,使用零件,项目信息;

where 使用零件.项目号 = 项目信息.项目号;

and 零件信息.零件号 = 使用零件.零件号;

and 使用零件.零件号 ;

in (select 零件号 from 使用零件 where 项目号="s1");

into table item_temp order by 使用零件.项目号 desc

2．利用视图设计器建立视图。

在新建对话框中，或用 CREAT VIEW 命令打开视图设计器。建立一个视图，将"项目信息"表、"零件信息"表、"使用零件"表添加到视图中，并将题中指定字段添加入视图；切换到"筛选"选项卡，并在"筛选"选项卡中做如下设置：

字段名 条件 实例

项目信息.项目号 = "s2";

切换到"排序依据"中选择字段"项目信息.项目号"，在"排序选项"处选择"升序"；最后将视图命名为 view_item。

三、综合应用

【考核点】控件的属性的修改，SQL 语句运用，表单的退出。

【解题思路】

第一步：在 Visual FoxPro 主窗口中按下组合键 Ctrl+N，系统弹出"新建"对话框，在文件类型中选择"表单"，点击"新建文件"按钮,系统将打开表单设计器；或直接在命令窗口中输入 crea form form_item。

第二步：点击工具栏按钮"表单控件工具栏"，在弹出的"表单控件"对话框中，选中"组合框"控件，在表单设计器中拖动鼠标，这样在表单上得到一个"组合框"控件 combo1，用类似的方法为表单再加入一个"文本框"控件 text1 和两个"命令按钮"控件 command1 和 command2。

相关控件的属性值如下表所列：

对　象	属　性	属　性　值
Form1	Caption	使用零件情况统计
	Name	form_item
Combo1	RowSourceType	5-数组
	Style	2-下拉式列表框
	RowSource	ss(3)
Command1	Caption	统计
Command2	Caption	退出

***************表单 form_item 的 Load 事件代码如下***************

```
public ss(3)
ss(1)="s1"
ss(2)="s2"
ss(3)="s3"
```

*********命令按钮 command1(统计)的 Click 事件代码如下***********

```
SELECT SUM(零件信息.单价*使用零件.数量);
FROM  零件信息 INNER JOIN 使用零件;
INNER JOIN 项目信息;
ON  使用零件.项目号 = 项目信息.项目号;
ON  零件信息.零件号 = 使用零件.零件号;
WHERE 使用零件.项目号 =ALLTRIM(THISFORM.combo1.VALUE);
GROUP BY 项目信息.项目号;
INTO ARRAY TEMP
THISFORM.TEXT1.VALUE=TEMP
```

**********命令按钮 command2(退出)的 Click 事件代码如下**********

```
thisform.release
```

上机模拟测试二及解题分析

一、基本操作题（共 4 小题，1 题 2 题各 7 分，3 题 4 题各 8 分，计 30 分）

在考生文件夹下完成下列操作。

1．用命令新建一个名为"外汇"的数据库，并将该命令存储于 one.txt 中。

2．将自由表"外汇汇率"、"外汇账户"、"外汇代码"加入到新建的"外汇"数据库中。

3．用 SQL 语句新建一个表 rate，其中包含 4 个字段"币种 1 代码" C(2)、"币种 2 代码" C(2)、"买入价" N(8,4)、"卖出价" N(8,4)，请将 SQL 语句存储于 two.txt 中。

4．表单文件 test_form 中有一个名为 form1 的表单，其中有编辑框控件 Edit1，请将编辑框控件 Edit1 的滚动条去掉。

二、简单应用（2 小题，每题 20 分，计 40 分）

在考生文件夹下完成如下简单应用。

1．编写程序 three.prg 完成下列操作：根据"外汇汇率"表中的数据产生 rate 自由表中的数据。

要求：将所有"外汇汇率"表中的数据插入 rate 表中并且顺序不变，由于"外汇汇率"中的币种 1 和币种 2 存放的是外币名称，而 rate 表中的币种 1 代码和币种 2 代码应该存放外币代码，所以插入时要做相应的改动，外币名称与外币代码的对应关系存储在"外汇代码"表中。

注意：程序必须执行一次，保证 rate 表中有正确的结果。

2．使用查询设计器建立一个查询文件 four.qpr。查询要求：外汇账户中有多少日元和欧元。查询结果包括了外币名称、钞汇标志、金额，结果按外币名称升序排序，在外币名称相同的情况下按金额降序排序，并将查询结果存储于表 five.dbf 中。

三、综合应用（1 小题，计 30 分）

设计一个文件名和表单名均为 myaccount 的表单。表单的标题为"外汇持有情况"。表单中有一个选项按钮组控件（MyOption）、一个表格控件(Grid1)以及两个命令按钮"查询"(Command1)和"退出"(Command2)。其中，选项按钮组控件有两个按钮"现汇"(Option1)、"现钞"(Option2)。

运行表单时，首先在选项组控件中选择"现钞"或"现汇"，单击"查询"按钮后，根据选项组控件的选择将"外汇账户"表的"现钞"或"现汇"(根据钞汇标志字段确定)的情况显示在表格控件中。

单击"退出"按钮，关闭并释放表单。

注：在表单设计器中将表格控件 Grid1 的数据源类型设置为"SQL 说明"。

【解题分析】

一、基本操作

【考核点】SQL 语句的使用，将自由表添加到数据库中，表单属性设置等。

【解题思路】

1．SQL 语句的用法（建立数据库）

CREATE DATABASE 外汇

2．将自由表添加到数据库中，可以在项目管理器或数据库设计器中完成。打开数据库设计器，在"数据库"菜单中或在数据库设计器上单击右键弹出的菜单中选择"添加表"，然后在"打开"对话框中选择要添加到当前数据库的自由表。还可用 ADD TABLE 命令添加一个自由表到当前数据库中。

3．SQL 语句的用法(建立表结构)

CREATE TABLE rate (币种1代码 C(2),币种2代码 C(2),买入价 N(8,4),卖出价 N(8,4))

4．修改表单控件的属性值：编辑框控件的 ScrollBars 属性决定编辑框是否有垂直滚动条。

二、简单应用

【考核点】利用 SQL_SELECT 语句建立查询程序，利用查询设计器建立查询。

【解题思路】

1．第一步：在 Visual FoxPro 主窗口中按下组合键 Ctrl+N，系统弹出"新建"对话框，在文件类型中选择"程序"，点击"新建文件"按钮。

第二步：在弹出的代码编辑器窗口中输入以下代码

SELECT 外汇代码.外币代码 AS 币种1代码;

外汇代码_a.外币代码 AS 币种2代码, 外汇汇率.买入价, 外汇汇率.卖出价;

FROM 外汇!外汇代码 INNER JOIN 外汇!外汇汇率;

INNER JOIN 外汇!外汇代码外汇代码_a;

ON 外汇汇率.币种2 = 外汇代码_a.外币名称;

ON 外汇代码.外币名称 = 外汇汇率.币种1;

INTO TABLE rate.dbf

2．建立查询可以使用"文件"菜单完成，选择"文件"→"新建"→"查询"→"新建文件"，将"外汇代码"和"外汇账户"表加入查询中，从字段中选择字段外汇代码.外币名称、外汇账户.钞汇标志和外汇账户.金额；切换到筛选中输入条件：

外币代码外币名称=" 日元 " OR 外币代码外币名称=" 欧元 "；

切换到"排序依据"中选择"外汇代码.外币名称"字段按升序排序和"外汇账户.金额"字段按降序排序。单击查询菜单下的查询去向，选择表，输入表名 five.dbf，最后运行该查询。

三、综合应用

【考核点】控件的属性的修改，SQL 语句运用，表单的退出等知识点。

【解题思路】

第一步：在 Visual FoxPro 主窗口中按下组合键 Ctrl+N，系统弹出"新建"对话框，在文件类型中选择"表单"，点击"新建文件"按钮（系统将打开表单设计器）；或直接在命令窗口中输入 crea form myrate。

第二步：单击工具栏按钮"表单控件工具栏"，在弹出的"表单控件"对话框中，选中"选项组"控件，在表单设计器中拖动鼠标，这样在表单上得到一个"选项组"控件 optiongroup1，用类似的方法为表单再加入两个"命令按钮"控件 command1 和 command2。

相关控件的属性值如下：

对　象	属　性	属　性　值
Form1	Caption	外汇持有情况
选项组	Name	myOption
	ButtonCount	2
MyOption.option1	Caption	现汇

MyOption.option2	Caption	现钞
Command1	Caption	查询
Command2	Caption	退出

***********命令按钮 command1(查询)的 Click 事件代码如下************

```
DO CASE
    CASE THISFORM.myOption.VALUE=1
        THISFORM.GRID1.RECORDSOURCE= "SELECT 外币代码, 金额;
        FROM 外汇账户;
        WHERE 钞汇标志 = "现汇";
        INTO CURSOR TEMP"
    CASE THISFORM.myOption.VALUE=2
        THISFORM.GRID1.RECORDSOURCE= "SELECT 外币代码, 金额;
        FROM 外汇账户;
        WHERE 钞汇标志 = "现钞";
        INTO CURSOR TEMP"
ENDCASE
```

***********命令按钮 command2(退出)的 Click 事件代码如下************

```
thisform.release
```

上机模拟测试三及解题分析

一、基本操作（共 4 小题，1 题 2 题各 7 分、3 题 4 题各 8 分，计 30 分）

在考生目录下完成如下操作。

1. 打开数据库 SCORE_MANAGER，该数据库中含三个有联系的表 Student、Score1 和 Course，根据已经建立好的索引，建立表之间联系。

2. 为 Course 表增加字段：开课学期(N，2，0)。

3. 为 Score1 表"成绩"字段设置字段有效性规则：成绩>=0，出错提示信息是："成绩必须大于或等于零"。

4. 将 Score1 表"成绩"字段的默认值设置为空值(NULL)。

二、简单应用（2 小题，每题 20 分，计 40 分）

在考生目录下完成如下简单应用:

1. 在 SCORE_MANAGER 数据库中查询学生的姓名和 2003 年的年龄(计算年龄的公式是:2003-Year(出生日期),年龄作为字段名), 结果保存在一个新表 NEW_TABLE1 中。使用报表向导建立报表 NEW_REPORT1,用报表显示 NEW_TABLE1 的内容。报表中数据按年龄升序排列，报表标题是"姓名—年龄"，其余参数使用默认参数。

2. 建立菜单 query_menu。该菜单只有一个"查询"和"退出"两个主菜单项（条形菜单），其中单击菜单项"退出"时，返回到 Visual FoxPro 系统菜单（相应命令写在 命令框中，不要写过程）。

三、综合应用（1 小题，计 30 分）

SCORE_MANAGER 数据库中含有三个数据库表 Student、Score1 和 Course。为了对 SCORE_MANAGER 数据库数据进行查询，设计一个表单 Myform1(控件名为 form1，表单文件名 Myform1.scx)。表单的标题为"成绩查询"。表单左侧有文本"输入学号(名称为 Label1 的标签)"和用于输入学号的文本框(名称为 Text1)以及"查询"(名称为 Command1)和"退出"(名称为 Command2)两个命令 按钮以及 1 个表格控件。

表单运行时，用户首先在文本框中输入学号,然后单击"查询"按钮，如果输入学号正确,在表单右侧以表格(名称为 Grid1)形式显示该生所选课程名和成绩，否则提示"学号不存在，请重新输入学号"。

单击"退出"按钮，关闭表单。

【解题分析】

一、基本操作

【考核点】表结构的修改，表间关系设置。

【解题思路】

1. 第一步：打开并修改数据库，在命令窗口中输入如下语句

MODIFY DATABASE SCORE_MANAGER

第二步：选择"Student"表中主索引键"学号"并按住不放，然后移动鼠标拖到"Score1"表中的索引键为"学号"处，松开鼠标即可。

第三步：选择"Course"表中主索引键"课程号"并按住不放，然后移动鼠标拖到"Score1"表中的索引键为"课程号"处，松开鼠标即可。

这样，三个表就建立了永久性联系。

2．在命令窗口中输入

ALTER TABLE Course ADD COLUMN 开课学期 N(2,0)

3．第一步：打开并修改数据库，在命令窗口中输入如下语句

MODIFY DATABASE SCORE_MANAGER

第二步：在"数据库设计器—SCORE_MANAGER"中，选择表"Score1"并单击鼠标右键，选择"修改"命令项。

第三步：在"表设计器-Score1.dbf"中，选择"成绩"字段，在"字段有效性"标签的"规则"处输入"成绩>=0"，在"信息"处输入"成绩必须大于或等于零"，最后单击"确定"按钮即可。

如果已在"数据库设计器-SCORE_MANAGER"中，那么第1步和第2步可以不做。

4．第一步：打开并修改数据库，在命令窗口中输入如下语句

MODIFY DATABASE SCORE_MANAGER

第二步：在"数据库设计器—SCORE_MANAGER"中，选择表"Score1"并单击鼠标右键，选择"修改"命令项。

第三步：在"表设计器—SCORE1.dbf"中，选择字段名为"成绩"，在 NULL 处进行打勾（允许空值），最后单击"确定"按钮即可。

如果表"Score1"已在"数据库设计器—SCORE_MANAGER"中，那么第1步和第2步可以不做。

二、简单应用

【考核点】SQL 语言，利用报表向导创建报表，创建菜单。

【解题思路】

1．第一步：在命令窗口中输入如下命令

SELECT 姓名,2003-YEAR(出生日期) AS 年龄 FROM student INTO TABLE new_table1

第二步：单击"工具"→"向导"→"报表"菜单项，并显示"向导选取"对话框。

第三步：在"向导选取"对话框中，选择"报表向导"并单击"确定"按钮，并显示"报表向导"对话框。

第四步：在"报表向导"对话框的"步骤1—字段选取"中，首先要选取表"NEW_TABLE1"，在"数据库和表"列表框中，选择表"NEW_TABLE1"，接着在"可用字段"列表框中显示表 NEW_TABLE1 的所有字段名，并选定所有字段名至"选定字段"列表框中，单击"完成"按钮。

第五步：在"报表向导"对话框的"步骤6—完成"中，在"报表标题"文本框中输入"姓名—年龄"，单击"完成"。

第六步：在"另存为"对话框中，输入保存报表名"NEW_REPORT1"，再单击"保存"按钮，最后报表就生成了。

2．第一步：输入建立菜单命令

CREATE MENU query_menu

第二步：在"新建菜单"对话框中，单击"菜单"按钮。

第三步：在"菜单设计器—query_menu.mnx"窗口中，分别建立两个菜单项"查询"和"退出"。

第四步：在"退出"菜单项的"结果"选择"命令"，并在"选项"处输入"set sysmenu to default"。

三、综合应用

【考核点】表单设计，程序。

【解题思路】

第一步：在命令窗口中输入建立表单命令

CREATE FORM Myform1

第二步：在"表单设计器"中，在"属性"的 Caption 处输入"成绩查询"。

第三步：在"表单设计器"中，添加一个标签控件，在"属性"的 Caption 处输入"输入学号"。再在"学号"标签的后面添加一个文本框"Text1"。

第四步：在"表单设计器"中，添加一个表格控件，在"属性"的 RecordSourceType 处选择"4—SQL 说明"。

第五步：在"表单设计器"中，添加两个命令按钮，单击第 1 个命令按钮在"属性"的 Caption 处输入"查询"，单击第 2 个命令按钮在"属性"的 Caption 处输入"退出"。

第六步：双击"查询"命令按钮，在"Command1.Click"编辑窗口中输入命令，接着关闭编辑窗口。

```
close all
use score1
locate for 学号=alltrim(ThisForm.Text1.Value)
if .not.found()
WAIT "学号不存在，请重新输入" WINDOWS TIMEOUT 5
else
ThisForm.Grid1.Recordsource="sele 课程名,成绩 from score1,course where 学
    号 =alltrim(ThisForm.Text1.Value) and score1.课 程 号 =course.课 程
号 into cursor temp1"
select temp1
go top
endif
```

第七步：双击"退出"命令按钮，在"Command2.Click"编辑窗口中输入"Release Thisform"，接着关闭编辑窗口。

上机模拟测试四及解题分析

一、基本操作（共 4 小题，1 题 2 题各 7 分、3 题 4 题各 8 分，计 30 分）

在考生文件夹下有一表单文件 myform.scx。打开该表单文件，然后在表单设计器环境下完成如下操作。

1. 在属性窗口中设置表单的有关属性，使表单在打开时在 Visual FoxPro 主窗口内居中显示。

2. 在属性窗口中设置表单的有关属性，使表单内的 Center、East、South、West 和 North 5 个按钮的大小都设置为宽 60、高 25。

3. 将 West、Center 和 East 三个按钮设置为顶边对齐；将 North、Center 和 South 三个按钮设置为左边对齐。

4. 按 Center、East、South、West、North 的顺序设置各按钮的 Tab 键次序。

二、简单应用（2 小题，每题 20 分，计 40 分）

在考生文件夹下完成如下简单应用：

1. 利用查询设计器创建查询，从考生目录下的 xuesheng 表和 chengji 表中查询数学、英语和信息技术三门课中至少有一门课在 90 分以上（含）的学生记录。查询结果包含学号、姓名、数学、英语和信息技术 5 个字段；各记录按学号降序 排序；查询去向为表 table1。最后将查询保存在 query1.qpr 文件中，并运行该查询。

2. 首先创建数据库 cj_m，并向其中添加 xuesheng 表和 chengji 表。然后在数据库中创建视图 view1：利用该视图只能查询少数民族学生的英语成绩；查询结果包含学号、姓名、英语 3 个字段；各记录按英语成绩降序排序，若英语成绩相同按学号升序排序。最后利用刚创建的视图 view1 查询视图中的全部信息，并将查询结果存放在表 table2 中。

三、综合应用（1 小题，计 30 分）

利用表设计器在考生目录下建立表 table3，表结构如下：

学号 字符型(10)，姓名 字符型(6)，课程名 字符型(8)，分数 数值型(5,1)

然后编写程序 prog1.prg，从 xuesheng 表和 chengji 表中找出所有成绩不及格（分数小于 60）的学生信息（学号、姓名、课程名和分数），并把这些数据保存到表 table3 中(若一个学生有多门课程不及格，在表 table3 中就会有多条记录)。表 table3 中的各记录应该按分数升序排序，分数相同则按学号降序排序。

要求在程序中用 SET RELATION 命令建立 chengji 表和 xuesheng 表之间的关联(同时用 INDEX 命令建立相关的索引)，并通过 DO WHILE 循环语句实现规定的功能。

最后运行程序。

【解题分析】

一、基本操作

【考核点】表单控件属性设置。

【解题思路】

1．第一步，打开并修改表单，在命令窗口中输入以下语句

MODIFY FORM myform

第二步：在表单的"属性"窗口中，在 AutoCenter 处选择".T."。

2．第一步和第 1 题相同。

第二步：先按住 Shift 键，再依次选中这 5 个按钮，在属性窗口中 Width 处输入"60"，在 Height 处输入"25"。

3．第一步和第 1 题相同。

第二步：先按住 Shift 键，再依次选中 West、Center 和 East 这 3 个按钮，在 Top 处输入一个数。

第三步：先按住 Shift 键，再依次选中 North、Center 和 South 这 3 个按钮，在 Left 处输入一个数。

4．第一步和第 1 题相同。

第二步：单击"Center"按钮，在"属性"窗口的 TabIndex 处输入"1"。

第三步：单击"East"按钮，在"属性"窗口的 TabIndex 处输入"2"。

第四步：单击"South"按钮，在"属性"窗口的 TabIndex 处输入"3"。

第五步：单击"West"按钮，在"属性"窗口的 TabIndex 处输入"4"。

第六步：单击"North"按钮，在"属性"窗口的 TabIndex 处输入"5"。

二、简单应用

【考核点】添加表，SQL 查询语句，查询去向，子查询，利用视图设计器建立视图等。

【解题思路】

1．第一步：在命令窗口中输入建立查询命令

CREATE QUERY query1

第二步：在"打开"对话框中，选择表"xuesheng"再单击 "确定"按钮，在"添加表或视图"对话框中，单击"其他"按钮，选择表"chengji"再单击"确定"按钮，在"联接条件"对话框中，直接单击"确定"按钮。在"添加表或视图"中，再单击"关闭"按钮。

第三步：单击"字段"选项卡，选择试题要求的字段添加到"选定字段"列表框中。

第四步：单击"筛选"选项卡，在"字段名"选择"Chengji.数学"，在"条件"处选择">="，在"字段名"，在"实例"处输入"90"，在"逻辑"处选择"OR"；移到下一个条件处，在"字段名"选择"Chengji.英语"，在"条件"处选择">="，在"实例"处输入"90"，在"逻辑"处选择"OR"；移到下一个条件处，在"字段名"选择"Chengji.信息技术"，在"条件"处选择">="，在"实例"处输入"90"。

第五步：单击"排序依据"选项卡，选择"Xuesheng.学号"并选择"降序"，接着单击"添加"按钮。

第六步：单击"查询"→"输出去向"菜单项，在"查询去向"对话框中，单击"表"按钮，在"表名"处输入"table1"，再单击"确定"按钮。

第七步：保存该查询并运行。

2．第一步：创建数据库，在命令窗口中输入以下语句

CREATE DATABASE cj_m

第二步：添加表到数据库中

ADD TABLE xuesheng

ADD TABLE chengji

第三步：打开并修改数据库

MODIFY DATABASE cj_m

第四步：单击"文件"→"新建"菜单项，在"新建"对话框中选择"视图"单选钮，再单击"新建文件"。在"添加表或视图"对话框中，双击表"xuesheng"（或单击选中表"xuesheng"，接着单击"添加"按钮），再双击表"chengji"，在"联接条件"对话框中直接单击"确定"按钮，接着在"添加表或视图"对话框中，单击"关闭"按钮，来关闭此对话框。

第五步：单击"字段"选项卡，选择试题要求的字段添加到"选定字段"列表框中。

第六步：单击"筛选"选项卡，在"字段名"选择"Xuesheng.民族"，在"否"处打勾（表示条件相反），在"条件"处选择"="，在"实例"处输入"汉"。

第七步：单击"排序依据"选项卡，选择"Chengji.英语"并选择"降序"，接着单击"添加"按钮。选择"Xuesheng.学号"，单击"添加"按钮，再在"排序条件"列表框选中"Xuesheng.学号"，然后单击"升序"按钮。

第八步：保存该视图，在"保存"对话框中输入视图名"view1"。

第九步：运行该查询，并在命令窗口输入"copy to table2"把查询结果输出到"table2"中。

三、综合应用

【考核点】建立表文件、编写程序。

【解题思路】

第一步：建立表文件

CREATE TABLE table3(学号 C(10), 姓名 C(6), 课程名 C(8), 分数 N(5,1))

第二步：在 prog1.prg 文件中编写如下程序

```
clear
close all
select 0
use table3
dele all
pack
copy to ttt
select 0
use ttt
select 0
use xuesheng
index on 学号 tag 学号
select 0
use chengji
set relation to 学号 into xuesheng
go top
do while .not.eof()
if 数学<60
select ttt
append blank
replace 学号 with xuesheng.学号,姓名 with xuesheng.姓名
```

```
replace 课程名 with "数学",分数 with chengji.数学
select chengji
endif
if 英语<60
select ttt
append blank
replace 学号 with xuesheng.学号,姓名 with xuesheng.姓名
replace 课程名 with "英语",分数 with chengji.英语
select chengji
endif
if 信息技术<60
select ttt
append blank
replace 学号 with xuesheng.学号,姓名 with xuesheng.姓名
replace 课程名 with "信息技术",分数 with chengji.信息技术
select chengji
endif
skip
enddo
select ttt
sort on 分数,学号/d to ttt1
select table3
append from ttt1
close all
```

2007 年 4 月全国计算机等级考试二级
VFP 笔试试题及参考答案

(考试时间 90 分钟，满分 100 分)

一、选择题(每小题 2 分，共 70 分)

下列各题 A、B、C、D 四个选项中，只有一个选项是正确的，请将正确选项涂写在答题卡相应位置上，答在试卷上不得分。

1. 下列叙述中正确的是_____。
   A. 算法的效率只与问题的规模有关，而与数据的存储结构无关
   B. 算法的时间复杂度是指执行算法所需要的计算工作量
   C. 数据的逻辑结构与存储结构是一一对应的
   D. 算法的时间复杂度与空间复杂度一定相关

2. 在结构化程序设计中，模块划分的原则是_____。
   A. 各模块应包括尽量多的功能
   B. 各模块的规模应尽量大
   C. 各模块之间的联系应尽量紧密
   D. 模块内具有高内聚度、模块间具有低耦合度

3. 下列叙述中正确的是_____。
   A. 软件测试的主要目的是发现程序中的错误
   B. 软件测试的主要目的是确定程序中错误的位置
   C. 为了提高软件测试的效率，最好由程序编制者自己来完成软件测试的工作
   D. 软件测试是证明软件没有错误

4. 下面选项中不属于面向对象程序设计特征的是_____。
   A. 继承性　　　B. 多态性　　　C. 类比性　　　　D. 封闭性

5. 下列对队列的叙述正确的是_____。
   A. 队列属于非线性表
   B. 队列按"先进后出"原则组织数据
   C. 队列在队尾删除数据
   D. 队列按"先进先出"原则组织数据

6. 二叉树如下：

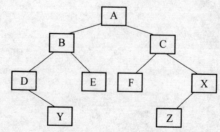

进行前序遍历的结果为_____。
   A. DYBEAFCZX　　B. YDEBFZXCA　　C. ABDYECFXZ　　　D. ABCDEFXYZ

7. 某二叉树中有 n 个度为 2 的结点，则该二叉树中的叶子结点为_____。

    A. n+1   B. n-1   C. 2n   D. n/2

8. 关系运算中，不改变关系表中的属性个数但能减少元组个数的是_____。

    A. 并   B. 交   C. 投影   D. 笛卡儿乘积

9. 在 E-R 图中，用来表示实体之间联系的图形是_____。

    A. 矩形   B. 椭圆形   C. 菱形   D. 平行四边形

10. 下列叙述中错误的是_____。

    A. 在数据库系统中，数据的物理结构必须与逻辑结构一致

    B. 数据库技术的根本目标是要解决数据的共享问题

    C. 数据库设计是指在已有数据库管理系统的基础上建立数据库

    D. 数据库系统需要操作系统的支持

11. 以下不属于 SQL 数据操作命令的是_____。

    A. MODIFY   B. INSERT   C. UPDATE   D. DELETE

12. 在关系模型中，每个关系模式中的关键字_____。

    A. 可由多个任意属性组成

    B. 最多由一个属性组成

    C. 可由一个或多个其值能唯一标识关系中任何元组的属性组成

    D. 以上说法都不对

13. Visual FoxPro 是一种_____。

    A. 数据库系统   B. 数据库管理系统   C. 数据库   D. 数据库应用系统

14. 在 Visual FoxPro 中调用表单 mf1 的正确命令是_____。

    A. DO mf1   B. DO FROM mf1   C. DO FORM mf1   D. RUN mf1

15. SQL 的 SELECT 语句中，" HAVING<条件表达式> " 用来筛选满足条件的_____。

    A. 列   B. 行   C. 关系   D. 分组

16. 设有关系 SC(SNO,CNO,GRADE),其中 SNO、CNO 分别表示学号、课程号(两者均为字符型)，GRADE 表示成绩(数值型)，若要把学号为"S101"的同学，选修课程号为"C11",成绩为98 分的记录插到表 SC 中，正确的语句是_____。

    A. INSERT INTO SC(SNO,CNO,GRADE)valueS('S101','C11','98')

    B. INSERT INTO SC(SNO,CNO,GRADE)valueS(S101, C11, 98)

    C. INSERT ('S101','C11','98') INTO SC

    D. INSERT INTO SC valueS ('S101','C11',98)

17. 以下有关 SELECT 语句的叙述中错误的是_____。

    A. SELECT 语句中可以使用别名

    B. SELECT 语句中只能包含表中的列及其构成的表达式

    C. SELECT 语句规定了结果集中的顺序

    D. 如果 FORM 短语引用的两个表有同名的列，则 SELECT 短语引用它们时必须使用表名前缀加以限定

18. 在 SQL 语句中，与表达式"年龄 BETWEEN 12 AND 46"功能相同的表达式是_____。

    A. 年龄>=12 OR<=46   B. 年龄>=12 AND<=46

    C. 年龄>=12OR 年龄<=46   D. 年龄>=12 AND 年龄<=46

19. 在 SELECT 语句中，以下有关 HAVING 语句的正确叙述是_____。

A． HAVING 短语必须与 GROUP BY 短语同时使用

B． 使用 HAVING 短语的同时不能使用 WHERE 短语

C． HAVING 短语可以在任意的一个位置出现

D． HAVING 短语与 WHERE 短语功能相同

20． 在 SQL 的 SELECT 查询的结果中,消除重复记录的方法是_____。

  A． 通过指定主索引实现   B． 通过指定唯一索引实现

  C． 使用 DISTINCT 短语实现   D． 使用 WHERE 短语实现

21． 在 Visual FoxPro 中,假定数据库表 S (学号,姓名,性别,年龄) 和 SC(学号,课程号,成绩)之间使用"学号"建立了表之间的永久联系,在参照完整性的更新规则、删除规则和插入规则中选择设置了"限制", 如果表 S 所有的记录在表 SC 中都有相关联的记录, 则_____。

  A． 允许修改表 S 中的学号字段值   B． 允许删除表 S 中的记录

  C． 不允许修改表 S 中的学号字段值   D． 不允许在表 S 中增加新的记录

22． 在 Visual FoxPro 中, 对于字段值为空值(NULL)叙述正确的是_____。

  A． 空值等同于空字符串   B． 空值表示字段还没有确定值

  C． 不支持字段值为空值   D． 空值等同于数值 0

23． 在 Visual FoxPro 中, 如果希望内存变量只能在本模块(过程)中使用,不能在上层或下层模块中使用,说明该种内存变量的命令是_____。

  A． PRIVATE   B． LOCAL

  C． PUBLIC   D． 不用说明,在程序中直接使用

24． 在 Visual FoxPro 中,下面关于索引的正确描述是_____。

  A． 当数据库表建立索引以后,表中记录的物理顺序将被改变

  B． 索引的数据将与表的数据存储在一个物理文件中

  C． 建立索引是创建一个索引文件,该文件包含有指向表记录的指针

  D． 使用索引可以加快对表的更新操作

25． 在 Visual FoxPro 中,在数据库中创建表的 CREATE TABLE 命令中定义主索引、实现实体完整性规则的短语是_____。

  A． FOREIGN KEY   B． DEFAULT   C． PRIMARY KEY   D． CHECK

26． 在 Visual FoxPro 中,以下关于查询的描述正确的是_____。

  A． 不能用自由表建立查询   B． 只能使用自由表建立查询

  C． 不能用数据库表建立查询   D． 可以用数据库表和自由表建立查询

27． 在 Visual FoxPro 中,数据库表的字段或记录的有效性规则的设置可以在_____。

  A． 项目管理器中进行   B． 数据库设计器中进行

  C． 表设计器中进行   D． 表单设计器中进行

28． 在 Visual FoxPro 中,如果要将学生表 S(学号, 姓名, 性别, 年龄)中"年龄"属性删除,正确的 SQL 命令是_____。

  A． ALTER TABLE S DROP COLUMN 年龄

  B． DELETE 年龄 FROM S

  C． ALTER TABLE S DELETE COLUMN 年龄

  D． ALTEER TABLE S DELETE 年龄

29． 在 Visual FoxPro 的数据库表中只能有一个_____。

  A． 候选索引   B． 普通索引   C． 主索引   D． 唯一索引

30. 设有学生表 S(学号，姓名，性别，年龄)，查询所有年龄小于等于 18 岁的女同学，并按年龄进行降序生成新的表 WS，正确的 SQL 命令是_____。

    A．SELECT * FROM S

WHERE 性别='女'AND 年龄<=18 ORDER BY 4 DESC INTO TABLE WS

    B．SELECT * FROM S

WHERE 性别='女'AND 年龄<=18 ORDER BY 年龄 INTO TABLE WS

    C．SELECT * FROM S

WHERE 性别='女'AND 年龄<=18 ORDER BY '年龄' DESC INTO TABLE WS

    D．SELECT *FROM S

WHERE 性别='女'OR 年龄<=18 ORDER BY '年龄' ASC INTO TABLE WS

31. 设学生选课表 SC(学号，课程号，成绩)，用 SQL 检索同时选修课程号为"C1"和"C5"的学生学号的正确命令是_____。

    A．SELECT 学号 RORM SC   WHERE 课程号='C1'AND 课程号='C5'

    B．SELECT 学号 RORM SC WHERE 课程号='C1'AND 课程号=(SELECT

    课程号 FROM SC WHERE 课程号='C5')

    C．SELECT 学号 RORM SC

    WHERE 课程号='C1'AND 学号=(SELECT 学号 FROM SC WHERE 课程号='C5')

    D．SELECT 学号 RORM SC

    WHERE 课程号='C1'AND 学号 IN (SELECT 学号 FROM SC WHERE 课程号='C5')

32. 设学生表 S(学号,姓名,性别,年龄)，课程表 C(课程号,课程名,学分)和学生选课表 SC(学号,课程号,成绩),检索号,姓名和学生所选课程名和成绩,正确的 SQL 命令是_____。

    A．SELECT 学号，姓名，课程名，成绩 FROM S，SC，C

WHERE S.学号 =SC.学号 AND SC.学号=C.学号

    B．SELECT 学号，姓名，课程名，成绩

FROM （S JOIN SC ON S.学号=SC.学号）JOIN C ON SC.课程号 =C. 课程号

    C．SELECT S. 学号，姓名，课程名，成绩

FROM S JOIN SC JOIN C ON S.学号=SC.学号 ON SC.课程号 =C. 课程号

    D．SELECT S. 学号，姓名，课程名，成绩

FROM S JOIN SC JOIN C ON SC.课程号=C.课程号 ON S.学号 =SC. 学号

33. 在 Visual FoxPro 中以下叙述正确的是_____。

    A．表也被称作表单

    B．数据库文件不存储用户数据

    C．数据库文件的扩展名是 DBF

    D．一个数据库中的所有表文件存储在一个物理文件中

34. 有 Visual FoxPro 中，释放表单时会引发的事件是_____。

    A．UnLoad 事件 B．Init 事件   C．Load 事件   D．Release 事件

35. Visual FoxPro 中，在屏幕上预览报表的命令是_____。

    A．PREVIEW REPORT   B．REPORT FORM…PREVIEW

    C．DO REPORT…PREVIEW   D．RUN REPORT…PREVIEW

二、填空题（每空 2 分，共 30 分）

请将每一空的正确答案写在答题纸【1】~【15】序号的横线上，答在试卷上不得分，注意：

以命令关键字填空的必须写完整。

1. 在深度为 7 的满二叉树中，度为 2 的结点个数为【1】。

2. 软件测试分为白箱（盒）测试和黑箱（盒）测试，等价类划分法属于【2】测试。

3. 在数据库系统中，实现各种数据管理功能的核心软件称为【3】。

4. 软件生命周期可分为多个阶段，一般分为定义阶段、开发阶段和维护阶段。编码和测试属于【4】阶段。

5. 在结构化分析使用的数据流图（DFD）中，利用【5】对其中的图形元素进行确切解释。

6. 为使表单运行时在主窗口中居中显示，应设置表单的 AutoCenter 属性值为【6】。

7. ?AT("EN"，RIGHT("STUDENT"，4))的执行结果是【7】。

8. 数据库表上字段有效性规则是一个【8】表达式。

9. 在 Visual FoxPro 中，通过建立数据库表的主索引可以实现数据的【9】完整性。

10. 执行下列程序，显示的结果是【10】。

```
one="WORK"
two=""
a=LEN（one）
i=a
DO WHILE i>=1
    two=two+SUBSTR（one, i, 1）
    i=i-1
ENDDO
?two
```

11. "歌手"表中有"歌手号"、"姓名"和"最后得分"三个字段，"最后得分"越高名次越靠前，查询前 10 名歌手的 SQL 语句是：

SELECT *　　【11】　　FROM 歌手 ORDER BY 最后得分【12】。

12. 已有"歌手"表，将该表中的"歌手号"字段定义为候选索引、索引名是 temp，正确的 SQL 语句是：

　【13】　TABLE 歌手 ADD UNIQUE 歌手好 TAG temp

13. 连编应用程序时，如果选择连编生成可执行程序，则生成的文件的扩展名是【14】。

14. 为修改已建立的报表文件打开报表设计器的命令是【15】。

【参考答案】

一、选择题

1~5	BDACD	6~10	CABCA	11~15	ACBCD	16~20	DBDAC
21~25	CBBCC	26~30	DCACA	31~35	DABAB		

二、填空题

1. 63
2. 黑盒
3. 数据库管理系统(DBMS)
4. 开发阶段
5. 数据字典
6. .t.
7. 2
8. 逻辑表达式
9. 实体
10. KROW
11. TOP 10
12. DESC
13. ALTER
14. EXE
15. MODIFY REPORT

2007年9月全国计算机等级考试二级
VFP笔试试题及参考答案

(考试时间90分钟，满分100分)

一、选择题(每小题2分，70分)

下列各题A、B、C、D四个选项中，只有一个选项是正确的，请将正确选项涂写在答题卡相应的位置上，答在试卷上不得分。

1. 软件是指_____。
    A. 程序
    B. 程序和文档
    C. 算法加数据结构
    D. 程序、数据与相关文档的完整集合

2. 软件调试的目的是_____。
    A. 发现错误
    B. 改正错误
    C. 改善软件的性能
    D. 验证软件的正确性

3. 在面向对象方法中，实现信息隐蔽是依靠_____。
    A. 对象的继承
    B. 对象的多态
    C. 对象的封装
    D. 对象的分类

4. 下列叙述中，不符合良好程序设计风格要求的是_____。
    A. 程序的效率第一，清晰第二
    B. 程序的可读性好
    C. 程序中要有必要的注释
    D. 输入数据前要有提示信息

5. 下列叙述中正确的是_____。
    A. 程序执行的效率与数据的存储结构密切相关
    B. 程序执行的效率只取决于程序的控制结构
    C. 程序执行的效率只取决于所处理的数据量
    D. 以上三种说法都不对

6. 下列叙述中正确的是_____。
    A. 数据的逻辑结构与存储结构必定是一一对应的
    B. 由于计算机存储空间是向量式的存储结构，因此，数据的存储结构一定是线性结构
    C. 程序设计语言中的数组一般是顺序存储结构，因此，利用数组只能处理线性结构
    D. 以上三种说法都不对

7. 冒泡排序在最坏情况下的比较次数是_____。
    A. $n(n+1)/2$ B. $n\log_2 n$ C. $n(n-1)/2$ D. $n/2$

8. 一棵二叉树中共有70个叶子结点与80个度为1的结点，则该二叉树中的总结点数为_____。
    A. 219   B. 221   C. 229   D. 231

9. 下列叙述中正确的是_____。

A. 数据库系统是一个独立的系统，不需要操作系统的支持

B. 数据库技术的根本目标是要解决数据的共享问题

C. 数据库管理系统就是数据库系统

D. 以上三种说法都不对

10. 下列叙述中正确的是_____。

A. 为了建立一个关系，首先要构造数据的逻辑关系

B. 表示关系的二维表中各元组的每一个分量还可以分成若干数据项

C. 一个关系的属性名表称为关系模式

D. 一个关系可以包括多个二维表

11. 在 Visual FoxPro 中，通常以窗口形式出现，用以创建和修改表、表单、数据库等应用程序组件的可视化工具称为_____。

    A. 向导   B. 设计器   C. 生成器   D. 项目管理器

12. 命令?VARTYPE(TIME())结果是_____。

    A. C   B. D   C. T   D. 出错

13. 命令?LEN(SPACE(3)-SPACE(2))的结果是_____。

    A. 1   B. 2   C. 3   D. 5

14. 在 Visual FoxPro 中，菜单程序文件的默认扩展名是_____。

    A. mnx   B. mnt   C. mpr   D. prg

15. 想要将日期型或日期时间型数据中的年份用 4 位数字显示，应当使用设置命令_____。

    A. SET CENTURY ON   B. SET CENTURY OFF

    C. SET CENTURY TO 4   D. SET CENTURY OF 4

16. 已知表中有字符型字段职称和性别，要建立一个索引，要求首先按职称排序职称相同时再按性别排序，正确的命令是_____。

    A. INDEX ON 职称＋性别 TO ttt   B. INDEX ON 性别＋职称 TO ttt

    C. INDEX ON 职称，性别 TO ttt   D. INDEX ON 性别，职称 TO ttt

17. 在 Visual FoxPro 中，Unload 事件的触发时机是_____。

    A. 释放表单   B. 打开表单   C. 创建表单   D. 运行表单

18. 命令 SELECT 0 的功能是_____。

    A. 选择编号最小的未使用工作区   B. 选择 0 号工作区

    C. 关闭当前工作区的表   D. 选择当前工作区

19. 下面有关数据库表和自由表的叙述中，错误的是_____。

A. 数据库表和自由表都可以用表设计器来建立

B. 数据库表和自由表都支持表间联系和参照完整性

C. 自由表可以添加到数据库中成为数据库表

D. 数据库表可以从数据库中移出成为自由表

20. 有关 ZAP 命令的描述，正确的是_____。

A. ZAP 命令只能删除当前表的当前记录

B. ZAP 命令只能删除当前表的带有删除标记的记录

C. ZAP 命令能删除当前表的全部记录

D. ZAP 命令能删除表的结构和全部记录

21．在视图设计器中有，而在查询设计器中没有的选项卡是_____。

　　A．排序依据　　　B．更新条件　　　　C．分组依据　　　D．杂项

22．在使用查询设计器创建查询时，为了指定在查询结果中是否包含重复记录（对应于 DISTINCT），应该使用的选项卡是_____。

　　A．排序依据　　　B．联接　　　　　　C．筛选　　　　　D．杂项

23．在 Visual FoxPro 中，过程的返回语句是_____。

　　A．GOBACK　　　B．COMEBACK　　　C．RETURN　　　D．BACK

24．在数据库表上的字段有效性规则是_____。

　　A．逻辑表达式　　　　　　　　　　　B．字符表达式

　　C．数字表达式　　　　　　　　　　　D．以上三种都有可能

25．假设在表单设计器环境下，表单中有一个文本框且已经被选定为当前对象。现在从属性窗口中选择 value 属性，然后在设置框中输入：={^2001-9-10}-{^2001-8-20}。请问以上操作后，文本框 value 属性值的数据类型为：_____。

　　A．日期型　　　　B．数值型　　　　　C．字符型　　　　D．以上操作出错

26．在 SQL SELECT 语句中为了将查询结果存储到临时表应该使用短语_____。

　　A．TO CURSOR　　　　　　　　　　　B．INTO CURSOR

　　C．INTO DBF　　　　　　　　　　　　D．TO DBF

27．在表单设计中，经常会用到一些特定的关键字、属性和事件。下列各项中属于属性的是_____。

　　A．This　　　　　B．This Form　　　　C．Caption　　　　D．Click

28．下面程序计算一个整数的各位数字之和。在下划线处应填写的语句是_____。

```
SET TALK OFF
INPUT "x=" TO x
s=0
DO WHILE x! =0
s=s+MOD（x,10）_____
ENDDO
?s
SET TALK ON
```

　　A．x=int(x/10)　　B．x=int(x%10)　　C．x=x-int(x/10)　　D．x=x-int(x%10)

29．在 SQL 的 ALTER TABLE 语句中，为了增加一个新的字段应该使用短语_____。

　　A．CREATE　　　B．APPEND　　　　C．COLUMN　　　D．ADD

30~35 题使用如下数据表。

学生.DBF：学号（C,8），姓名(C,6)，性别(C,2)，出生日期(D)

选课.DBF：学号（C,8），课程号(C,3)，成绩(N,5,1)

30．查询所有 1982 年 3 月 20 日以后（含）出生、性别为男的学生，正确的 SQL 语句是_____。

　　A．SELECT * FROM 学生 WHERE 出生日期>={⌒1982-03-20} AND 性别="男"

　　B．SELECT * FROM 学生 WHERE 出生日期<={⌒1982-03-20} AND 性别="男"

　　C．SELECT * FROM 学生 WHERE 出生日期>={⌒1982-03-20} OR 性别="男"

　　D．SELECT * FROM 学生 WHERE 出生日期<={⌒1982-03-20} OR 性别="男"

31．计算刘明同学选修的所有课程的平均成绩，正确的 SQL 语句是_____。

A. SELECT AVG(成绩) FROM 选课 WHERE 姓名="刘明"

B. SELECT AVG(成绩) FROM 学生,选课 WHERE 姓名="刘明"

C. SELECT AVG(成绩) FROM 学生,选课 WHERE 学生.姓名="刘明"

D. SELECT AVG(成绩) FROM 学生,选课 WHERE 学生.学号=选课.学号 AND 姓名="刘明"

32. 假定学号的第3位、第4位为专业代码。要计算各专业学生选修课程号为"101"课程的平均成绩，正确的SQL语句是_____。

    A. SELECT 专业 AS SUBS(学号,3,2),平均分 AS AVG(成绩) FROM 选课 WHERE 课程号="101" GROUP BY 专业

    B. SELECT SUBS(学号,3,2) AS 专业, AVG(成绩) AS 平均分 FROM 选课 WHERE 课程号="101" GROUP BY 1

    C. SELECT SUBS(学号,3,2) AS 专业, AVG(成绩) AS 平均分 FROM 选课 WHERE 课程号="101" ORDER BY 专业

    D. SELECT 专业 AS SUBS(学号,3,2),平均分 AS AVG(成绩) FROM 选课 WHERE 课程号="101"ORDER BY 1

33. 查询选修课程号为"101"课程得分最高的同学，正确的SQL语句是_____。

    A. SELECT 学生.学号,姓名 FROM 学生,选课 WHERE 学生.学号=选课.学号 AND 课程号="101" AND 成绩>=ALL(SELECT 成绩 FROM 选课)

    B. SELECT 学生.学号,姓名 FROM 学生,选课 WHERE 学生.学号=选课.学号 AND 成绩>=ALL(SELECT 成绩 FROM 选课 WHERE 课程号="101")

    C. SELECT 学生.学号,姓名 FROM 学生,选课 WHERE 学生.学号=选课.学号 AND 成绩>=ANY(SELECT 成绩 FROM 选课 WHERE 课程号="101")

    D. SELECT 学生.学号,姓名 FROM 学生,选课 WHERE 学生.学号=选课.学号 AND 课程号="101"AND 成绩>=ALL(SELECT 成绩 FROM 选课 WHERE 课程号="101")

34. 插入一条记录到"选课"表中，学号、课程号和成绩分别是"02080111"、"103"和80，正确的SQL语句是_____。

    A. INSERT INTO 选课 valueS("02080111"，"103"，80)

    B. INSERT valueS("02080111"，"103"，80)TO 选课(学号，课程号，成绩)

    C. INSERT valueS("02080111"，"103"，80)INTO 选课(学号，课程号，成绩)

    D. INSERT INTO 选课(学号，课程号，成绩) FORM valueS("02080111"，"103"，80)

35. 将学号为"02080110"、课程号为"102"的选课记录的成绩改为92，正确的SQL语句是_____。

    A. UPDATE 选课 SET 成绩 WITH 92 WHERE 学号="02080110"AND 课程号="102"

    B. UPDATE 选课 SET 成绩=92 WHERE 学号="02080110 AND 课程号="102"

    C. UPDATE FROM 选课 SET 成绩 WITH 92 WHERE 学号="02080110"AND 课程号="102"

    D. UPDATE FROM 选课 SET 成绩=92 WHERE 学号="02080110" AND 课程号="102"

二、填空题（每空2分，共30分）

请将每一空的正确答案写在答题卡【1】～【15】序号的横线上，答在试卷上不得分。

注意：以命令关键字填空的必须拼写完整。

1. 软件需求规格说明书应具有完整性、无歧义性、正确性、可验证性、可修改性等特征，其中最重要的是 【1】 。

2．在两种基本测试方法中，【2】测试的原则之一是保证所测模块中每一个独立路径至少执行一次。

3．线性表的存储结构主要分为顺序存储结构和链式存储结构。队列是一种特殊的线性表，循环队列是队列的【3】存储结构。

4．对下列二义树进行中序遍历的结果为【4】。

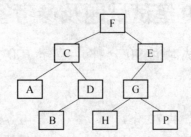

5．在 E-R 图中，矩形表示【5】。

6．如下命令查询雇员表中"部门号"字段为空值的记录

SELECT * FROM 雇员 WHERE 部门号【6】。

7．在 SQL 的 SELECT 查询中，HAVING 字句不可以单独使用，总是跟在【7】子句之后一起使用。

8．在 SQL 的 SELECT 查询时，使用【8】子句实现消除查询结果中的重复记录。

9．在 Visual FoxPro 中修改表结构的非 SQL 命令是【9】。

10．在 Visual FoxPro 中，在运行表单时最先引发的表单事件是【10】事件。

11．在 Visual FoxPro 中，使用 LOCATE ALL 命令按条件对表中的记录进行查找，若查不到记录，函数 EOF()的返回值应是【11】。

12．在 Visual FoxPro 表单中，当用户使用鼠标单击命令按钮时，会触发命令按钮的【12】事件。

13．在 Visual FoxPro 中，假设表单上有一选项组：○男 ○女，该选项组的 value 属性值赋为 0。当其中的第一个选项按钮"男"被选中，该选项组的 value 属性值为【13】。

14．在 Visual FoxPro 表单中，用来确定复选框是否被选中的属性是【14】。

15．在 SQL 中，插入、删除、更新命令依次是 INSERT、DELETE 和【15】。

【参考答案】

一、选择题

| 1~5   DBCAA | 5~10   CCABA | 11~15   BADCA | 16~20   AAABC |
| 21~25   BDCAA | 26~30   BCADA | 31~35   DBDAB | |

二、填空题

1．无歧义性　　　　6．IS NULL　　　　　　11．.T.

2．白盒　　　　　　7．GROUP BY　　　　　12．CLICK

3．顺序　　　　　　8．DISTINCT　　　　　 13．1 或"男"

4．ACBDFEHGP　　 9．MODIFY STRUCTURE　14．value

5．实体集　　　　　10．LOAD　　　　　　　15．Update

2008年4月全国计算机等级考试二级
VFP笔试试题及参考答案

（考试时间90分钟，满分100分）

一、选择题（每小题2分，共70分）

下列各题A，B，C，D四个选项中，只有一个选项是正确的，请将正确选项涂写在答题卡相应位置上，答在试卷上不得分。

1. 程序流程图中指有箭头的线段表示的是_____。

    A. 图元关系   B. 数据流   C. 控制流   D. 调用关系

2. 结构化程序设计的基本原则不包括_____。

    A. 多态性   B. 自顶向下   C. 模块化   D. 逐步求精

3. 软件设计中模块划分应遵循的准则是_____。

    A. 低内聚低耦合   B. 高内聚低耦合

    C. 低内聚高耦合   D. 高内聚高耦合

4. 在软件开发中，需求分析阶段产生的主要文档是_____。

    A. 可行性分析报告   B. 软件需求规格说明书

    C. 概要设计说明书   D. 集成测试计划

5. 算法的有穷性是指_____。

    A. 算法程序的运行时间是有限的   B. 算法程序所处理的数据量是有限的

    C. 算法程序的长度是有限的   D. 算法只能被有限的用户使用

6. 对长度为n的线性表排序，在最坏情况下，比较次数不是 n(n-1)/2 的排序方法是_____。

    A. 快速排序   B. 冒泡排序

    C. 直接插入排序   D. 堆排序

7. 下列关于栈的叙述正确的是_____。

    A. 栈按"先进先出"组织数据   B. 栈按"先进后出"组织数据

    C. 只能在栈底插入数据   D. 不能删除数据

8. 在数据库设计中，将E-R图转换成关系数据模型的过程属于_____。

    A. 需求分析阶段   B. 概念设计阶段

    C. 逻辑设计阶段   D. 物理设计阶段

9. 有三个关系R、S和T如下：

R

B	C	D
a	0	k1
b	1	n1

S

B	C	D
f	3	h2
a	0	k1
n	2	x1

T

B	C	D
a	0	k1

由关系 R 和 S 通过运算得到关系 T，则所使用的运算为_____。

 A．并   B．自然连接   C．笛卡儿积   D．交

10．设有表示学生选课的三张表，学生 S(学号，姓名，性别，年龄，身份证号)，课程 C(课程号，课名)，选课 SC(学号，课号，成绩)，列表 SC 的关键字（键或码）为_____。

 A．课号，成绩   B．学号，成绩

 C．学号，课号   D．学号，姓名，成绩

11．在 Visual FoxPro 中，扩展名为 mnx 的文件是_____。

 A．备注文件 B．项目文件   C．表单文件   D．菜单文件

12．有如下赋值语句：a="计算机"，b="微型"，结果为"微型机"的表达式是_____。

 A．b+LEFT(a,3)   B．b+RIGHT(a,1)

 C．b+LEFT(a,5,2)   D．b+RIGHT(a,2)

13．在 Visual FoxPro 中，有如下内存变量赋值语句：

```
X={^2001-07-28 10:15:20PM}
Y=.F.
M=5123.45
N=$123.45
Z="123.24"
```

执行上述赋值语句之后，内存变量 X,Y,M,N 和 Z 的数据类型分别是_____。

 A．D、L、Y、N、C   B．T、L、Y、N、C

 C．T、L、M、N、C   D．T、L、Y、N、S

14．下列程序的运行结果是_____。

```
SET EXACTON
s="ni"+space(2)
IFs  "ni"
IFs="ni"
? "one"
ELSE
? "two"
ENDIF
ELSE
IFs="ni"
  ? "three"
```

```
ELSE
? "four"
ENDIF
ENDIF
RETURN
```

     A．one   B．two   C．three   D．four

15．如果内存变量和字段变量均有变量名姓名，那么引用内存变量的正确方法是_____。

     A．M.姓名   B．M->姓名   C．姓名   D．A．和 B．都可以

16．要为当前表所有性别为"女"的职工增加 100 元工资，应使用命令_____。

     A．REPLACE ALL 工资 WITH 工资+100

     B．REPLACE 工资 WITH 工资+100FOR 性别="女"

     C．CHANGE ALL 工资 WITH 工资+100

     D．CHANGE ALL 工资 WITH 工资+100 FOR 性别="女"

17．MODIFY   STRUCTURE 命令的功能是_____。

     A．修改记录值   B．修改表结构

     C．修改数据库结构   D．修改数据库或表结构

18．可以运行查询文件的命令是_____。

     A．DO   B．BROWSE

     C．DO QUERY   D．CREATE QUERY

19．SQL 语句中删除视图的命令是_____。

     A．DROP TABLE   B．DROP VIEW

     C．ERASE TABLE   D．ERASE VIEW

20．设有订单表 order（其中包含字段：订单号，客户号，职员号，签订日期，金额），查询 2007 年所签订单的信息，并按金额降序排序，正确的 SQL 命令是_____。

     A．SELECT * FROM order   WHERE YEAR(签订日期)＝2007 ORDER BY 金额 DESC

     B．SELECT * FROM order   WHILE YEAR(签订日期)＝2007 ORDER BY 金额 ASC

     C．SELECT * FROM order   WHERE YEAR(签订日期)＝2007 ORDER BY 金额 ASC

     D．SELECT * FROM order   WHILE YEAR(签订日期)＝2007 ORDER BY 金额 DESC

21．设有订单表 order（其中包含字段：订单号，客户号，职员号，签订日期，金额），删除 2002 年 1 月 1 日以前签订的订单记录，正确的 SQL 命令是_____。

     A．DELETETABLEorderWHERE 签订日期<{^2002-1-1}

     B．DELETETABLEorderWHILE 签订日期>{^2002-1-1}

     C．DELETE FROMorderWHERE 签订日期<{^2002-1-1}

     D．DELETE FROMorderWHILE 签订日期>{^2002-1-1}

22．下面属于表单方法名（非事件名）的是_____。

     A．lnit   B．Release   C．Destroy   D．Caption

23．下列表单的哪个属性设置为真时，表单运行时将自动居中_____。

     A．AutoCenter   B．AlwaysOnTop   C．ShowCenter   D．FormCenter

24．下列关于命令 DO FORM XX NAME YY LINKED 的叙述中，正确的是_____。

     A．产生表单对象引用变量 XX，在释放变量 XX 时自动关闭表单

     B．产生表单对象引用变量 XX，在释放变量 XX 时并不关闭表单

C．产生表单对象引用变量 YY，在释放变量 YY 时自动关闭表单

D．产生表单对象引用变量 YY，在释放变量 YY 时并不关闭表单

25．表单里有一个选项按钮组，包含两个选项按钮 Option1 和 Option2，假设 Option2 没有设置 Click 事件代码，而 Option1 以及选项按钮组和表单都设置了 Click 事件代码。那么当表单运行时，如果用户单击 Option2，系统将_____。

  A．执行表单的 Click 事件代码   B．执行选项按钮组的 Click 事件代码

  C．执行 Option1 的 Click 事件代码   D．不会有反应

26．下列程序段执行以后，内存变量 X 和 Y 的值是_____。

```
CLEAR
STORE 3 TOX
STORE 5 TOY
PLUS((X),Y)
?X,Y
PROCEDURE PLUS
PARAMETERSA1,A2
A1=A1+A2
A2=A1+A2
ENDPROC
```

  A．8 13   B．3 13   C．3 5   D．8 5

27．下列程序段执行以后，内存变量 y 的值是_____。

```
CLEAR
x=12345
y=0
DOWHLIE x>0
y=y+x%10
x=int(x/10)
ENDDO
?y
```

  A．54321   B．12345   C．51   D．15

28．下列程序段执行后，内存变量 s1 的值是_____。

```
s1=" network"
s1=stuff(s1,4,4,"BIOS")
?s1
```

  A．network   B．netBIOS   C．net   D．BIOS

29．参照完整性规则的更新规则中"级联"的含义是_____。

  A．更新父表中的连接字段值时，用新的连接字段值自动修改子表中的所有相关记录

  B．若子表中有与父表相关的记录，则禁止修改父表中的连接字段值

  C．父表中的连接字段值可以随意更新，不会影响子表中的记录

  D．父表中的连接字段值在任何情况下都不会允许更新

30．在查询设计器环境中，"查询"菜单下的"查询去向"命令指定了查询结果的输出去向，输出去向不包括_____。

A. 临时表　　　B. 表　　　　　　C. 文本文件　　　D. 屏幕

31. 表单名为 myForm 的表单中有一个页框 myPageFrame，将该页框的第 3 页（Page3）的标题设置为"修改"，可以使用代码_____。

    A. myForm.Page3.myPageFrame.Caption="修改"

    B. myForm.myPageFrame.Caption.Page3="修改"

    C. Thisform.myPageFrame.Page3.Caption="修改"

    D. Thisform.myPageFrame.Caption.Page3="修改"

32. 向一个项目中添加一个数据库，应该使用项目管理器的_____。

    A. "代码"选项卡　　　　　　　　　B. "类"选项卡

    C. "文档"选项卡　　　　　　　　　D. "数据"选项卡

下表是用 list 命令显示的"运动员"表的内容和结构，33 题~35 题使用该表。

记录号	运动员号	投中 2 分球	投中 3 分球	罚球
1	1	3	4	5
2	2	2	1	3
3	3	0	0	0
4	4	5	6	7

33. 为"运动员"表增加一个字段"得分"的 SQL 语句是_____。

    A. CHANGE TABLE 运动员 ADD 得分 I

    B. ALTERDATA 运动员 ADD 得分 I

    C. ALTER TABLE 运动员 ADD 得分 I

    D. CHANGE TABLE 运动员 INSERT 得分 I

34. 计算每名运动员的"得分"（33 题增加的字段）的正确 SQL 语句是_____。

    A. UPDATE 运动员 FIELD 得分=2*投中 2 分球+3*投中 3 分球+罚球

    B. UPDATE 运动员 FIELD 得分 WITH 2*投中 2 分球+3*投中 3 分球+罚球

    C. UPDATE 运动员 SET 得分 WITH 2*投中 2 分球+3*投中 3 分球+罚球

    D. UPDATE 运动员 SET 得分=2*投中 2 分球+3*投中 3 分球+罚球

35. 检索"投中 3 分球"小于等于 5 个的运动员中"得分"最高的运动员的"得分"，正确的 SQL 语句是_____。

    A. SELECT MAX（得分）得分 FROM 运动员 WHERE 投中 3 分球<=5

    B. SELECTMAX（得分）得分 FROM 运动员 WHEN 投中 3 分球<=5

    C. SELECT 得分 MAX（得分）FROM 运动员 WHERE 投中 3 分球<=5

    D. SELECT 得分 MAX（得分）FROM 运动员 WHEN 投中 3 分球<=5

二、填空题（每空 2 分，共 30 分）

请将每一个空的正确答案写在答题卡【1】~【15】序号的横线上，答在试卷上不得分。

注意：以命令关键字填空的必须拼写完整。

1. 测试用例包括输入值集和 【1】值集。

2. 深度为 5 的满二叉树有【2】个叶子节点。

3. 设某循环队列的容量为 50，头指针 front=5（指向队头元素的前一位置），尾指针 rear=29（指向队尾元素），则该循环队列中共有【3】个元素。

4. 在关系数据库中，用来表示实体之间联系的是【4】。

5. 在数据库管理系统提供的数据定义语言、数据操纵语言和数据控制语言中，【5】负责数据的模式定义与数据的物理存取构建。

6. 在基本表中，要求字段名【6】重复。

7. SQL 的 SELECT 语句中，使用【7】子句可以消除结果中的重复记录。

8. 在 SQL 的 WHERE 子句的条件表达式中，字符串匹配（模糊查询）的运算符是【8】。

9. 数据库系统中对数据库进行管理的核心软件是【9】。

10. 使用 SQL 的 CREATE TABLE 语句定义表结构时，用【10】短语说明主关键字（主索引）。

11. 在 SQL 中，要查询表 s 在 AGE 字段上取空值的记录，正确的 SQL 语句为
SELECT* FROM sWHERE【11】。

12. 在 Visual FoxPro 中，使用 LOCATE ALL 命令按条件对表中的记录进行查找，若查不到记录，函数 EOF()的返回值应是【12】。

13. 在 Visual FoxPro 中，假设当前文件夹中有菜单程序文件 mymenu.mpr，运行该菜单程序的命令是【13】。

14. 在 Visual FoxPro 中，如果要在子程序中创建一个只在本程序中使用的变量 xl（不影响上级或下级的程序），应该使用【14】说明变量。

15. 在 Visual FoxPro 中，在当前打开的表中物理删除带有删除标记记录的命令是【15】。

【参考答案】

一、选择题

 1~ 5   CABBA   6~10   DBCDC   11~15   DABCD   16~20   BBABA
21~25   CBACB   26-30   CDBAC   31~35   CDCDA

二、填空题

1. 输出   6. 不能   11. AGE IS NULL

2. 16   7. DISTINCT   12. .T.

3. 24   8. LIKE   13. DO mymenu.mpr

4. 关系   9. 数据库管理系统   14. LOCAL

5. 数据定义语言   10. Primary Key   15. PACK

2008 年 9 月全国计算机等级考试二级 VFP 笔试试题及参考答案

（考试时间 90 分钟，满分 100 分）

一、选择题（每小题 2 分，共 70 分）

下列各题 A、B、C、D 四个选项中，只有一个选项是正确的。请将正确选项涂写在答题卡相应位置上，答在试卷上不得分。

1．一个栈的初始状态为空。现将元素 1、2、3、4、5、A、B、C、D、E 依次入栈，然后再依次出栈，则元素出栈的顺序是_____。

    A．12345ABCDE   B．EDCBA54321

    C．ABCDE12345   D．54321EDCBA

2．下列叙述中正确的是_____。

    A．循环队列有队头和队尾两个指针，因此，循环队列是非线性结构

    B．在循环队列中，只需要队头指针就能反应队列中元素的动态变化情况

    C．在循环队列中，只需要队尾指针就能反应队列中元素的动态变化情况

    D．循环队列中元素的个数是由队头和队尾指针共同决定

3．在长度为 n 的有序线性表中进行二分查找，最坏情况下需要比较的次数是_____。

    A．$O(N)$ B．$O(n2)$ C．$O(\log 2n)$ D．$O(n \log 2n)$

4．下列叙述中正确的是_____。

    A．顺序存储结构的存储一定是连续的，链式存储结构的存储空间不一定是连续的

    B．顺序存储结构只针对线性结构，链式存储结构只针对非线性结构

    C．顺序存储结构能存储有序表，链式存储结构不能存储有序表

    D．链式存储结构比顺序存储结构节省存储空间

5．数据流图中带有箭头的线段表示的是_____。

    A．控制流   B．事件驱动   C．模块调用   D．数据流

6．在软件开发中，需求分析阶段可以使用的工具是_____。

    A．N-S 图   B．DFD 图   C．PAD 图   D．程序流程图

7．在面向对象方法中，不属于"对象"基本特点的是_____。

    A．一致性   B．分类性   C．多态性   D．标识唯一性

8．一间宿舍可住多个学生，则实体宿舍和学生之间的联系是_____。

    A．一对一   B．一对多   C．多对一   D．多对多

9．在数据管理技术发展的三个阶段中，数据共享最好的是_____。

    A．人工管理阶段   B．文件系统阶段

    C．数据库系统阶段   D．三个阶段相同

10. 有三个关系 R、S 和 T 如下：

R	
B	C
1	3
3	5

T		
A	B	C
m	1	3

S	
A	B
m	1
n	2

由关系 R 和 S 通过运算得到关系 T，则所使用的运算为_____。

    A. 笛卡儿积   B. 交   C. 并   D. 自然连接

11. 设置表单标题的属性是_____。

    A. Title   B. Text   C. Biaoti   D. Caption

12. 释放和关闭表单的方法是_____。

    A. Release   B. Delete   C. LostFocus   D. Destory

13. 从表中选择字段形成新关系的操作是_____。

    A. 选择   B. 连接   C. 投影   D. 并

14. Modify Command 命令建立的文件的默认扩展名是_____。

    A. prg   B. app   C. cmd   D. exe

15. 说明数组后，数组元素的初值是_____。

    A. 整数 0   B. 不定值   C. 逻辑真   D. 逻辑假

16. 扩展名为 mpr 的文件是_____。

    A. 菜单文件   B. 菜单程序文件   C. 菜单备注文件   D. 菜单参数文件

17. 下列程序段执行以后，内存变量 y 的值是_____。

```
x=76543
y=0
DO WHILE x>0
    y=x%10+y*10
    x=int(x/10)
ENDDO
```

    A. 3456   B. 34567   C. 7654   D. 76543

18. 在 SQL SELECT 查询中，为了使查询结果排序应该使用短语_____。

    A. ASC   B. DESC   C. GROUP BY   D. ORDER BY

19. 设 a="计算机等级考试"，结果为"考试"的表达式是_____。

    A. Left(a,4)   B. Right(a,4)   C. Left(a,2)   D. Right(a,2)

20. 关于视图和查询，以下叙述正确的是_____。

    A. 视图和查询都只能在数据库中建立

    B. 视图和查询都不能在数据库中建立

    C. 视图只能在数据库中建立

    D. 查询只能在数据库中建立

21. 在 SQL SELECT 语句中与 INTO TABLE 等价的短语是_____。

    A. INTO DBF   B. TO TABLE   C. TO FOEM   D. INTO FILE

22. CREATE DATABASE 命令用来建立_____。

    A. 数据库   B. 关系   C. 表   D. 数据文件

23．欲执行程序 temp.prg，应该执行的命令是_____。

    A．DO PRG temp.prg   B．DO temp.prg

    C．DO CMD temp.prg   D．DO FORM temp.prg

24．执行命令 MyForm= CreateObject("Form")可以建立一个表单，为了让该表单在屏幕上显示，应该执行命令_____。

    A．MyForm.List   B．MyForm.Display

    C．MyForm.Show   D．MyForm.ShowForm

25．假设有 Student 表，可以正确添加字段"平均分数"的命令是_____。

    A．ALTER TABLE student ADD　平均分数 F(6,2)

    B．ALTER DBF student ADD　平均分数 F 6,2

    C．CHANGE TABLE student ADD　平均分数　F(6,2)

    D．CHANGE TABLE student INSERT　平均分数　6,2

26．页框控件也称作选项卡控件，在一个页框中可以有多个页面，页面个数的属性是_____。

    A．Count   B．Page   C．Num   D．PageCount

27．打开已经存在的表单文件的命令是_____。

    A．MODIFY FORM   B．EDIT FORM

    C．OPEN FORM   D．READ FORM

28．在菜单设计中，可以在定义菜单名称时为菜单项指定一个访问键。规定了菜单项的访问键为"x"的菜单名称定义是_____。

    A．综合查询\<(x)   B．综合查询/<(x)

    C．综合查询(\<x)   D．综合查询(/<x)

29．假定一个表单里有一个文本框 Text1 和一个命令按钮组 CommandGroup1。命令按钮组是一个容器对象，其中包含 Command1 和 Command2 两个命令按钮。如果要在 Command1 命令按钮的某个方法中访问文本框的 Value 属性值，正确的表达式是_____。

    A．This.ThisForm.Text1.Value   B．This.Parent.Parent.Text1.Value

    C．Parent.Parent.Text1.Value   D．This.Parent.Text1.Value

30．下面关于数据环境和数据环境中两个表之间关联的叙述中，正确的是_____。

    A．数据环境是对象，关系不是对象

    B．数据环境不是对象，关系是对象

    C．数据环境是对象，关系是数据环境中的对象

    D．数据环境和关系都不是对象

31~35 使用如下关系。

客户（客户号，名称，联系人，邮政编码，电话号码）

产品（产品号，名称，规格说明，单价）

订购单（订单号，客户号，订购日期）

订购单名细（订单号，序号，产品号，数量）

31．查询单价在 600 元以上的主机板和硬盘的正确命令是_____。

    A．SELECT * FROM 产品 WHERE 单价>600 AND (名称='主机板' AND 名称='硬盘')

    B．SELECT * FROM 产品 WHERE 单价>600 AND (名称='主机板' OR 名称='硬盘')

    C．SELECT * FROM 产品 FOR 单价>600 AND (名称='主机板' AND 名称='硬盘')

    D．SELECT * FROM 产品 FOR 单价>600 AND (名称='主机板' OR 名称='硬盘')

32. 查询客户名称中有"网络"二字的客户信息的正确命令是_____。

    A. SELECT * FROM 客户 FOR 名称 LIKE "%网络%"

    B. SELECT * FROM 客户 FOR 名称 ="%网络%"

    C. SELECT * FROM 客户 WHERE 名称 ="%网络%"

    D. SELECT * FROM 客户 WHERE 名称 LIKE "%网络%"

33. 查询尚未最后确定订购单的有关信息的正确命令是_____。

    A. SELECT 名称,联系人,电话号码,订单号 FROM 客户,订购单
        WHERE 客户.客户号=订购单.客户号 AND 订购日期 IS NULL

    B. SELECT 名称,联系人,电话号码,订单号 FROM 客户,订购单
        WHERE 客户.客户号=订购单.客户号 AND 订购日期 = NULL

    C. SELECT 名称,联系人,电话号码,订单号 FROM 客户,订购单
        FOR 客户.客户号=订购单.客户号 AND 订购日期 IS NULL

    D. SELECT 名称,联系人,电话号码,订单号 FROM 客户,订购单
        FOR 客户.客户号=订购单.客户号 AND 订购日期 = NULL

34. 查询订购单的数量和所有订购单平均金额的正确命令是_____。

    A. SELECT COUNT(DISTINCT 订单号),AVG(数量*单价)
        FROM 产品 JOIN 订购单名细 ON 产品.产品号=订购单名细.产品号

    B. SELECT COUNT(订单号),AVG(数量*单价)
        FROM 产品 JOIN 订购单名细 ON 产品.产品号=订购单名细.产品号

    C. SELECT COUNT(DISTINCT 订单号),AVG(数量*单价)
        FROM 产品,订购单名细 ON 产品.产品号=订购单名细.产品号

    D. SELECT COUNT(订单号),AVG(数量*单价)
        FROM 产品,订购单名细 ON 产品.产品号=订购单名细.产品号

35. 假设客户表中有客户号（关键字）C1~C10 共 10 条客户记录，订购单表有订单号(关键字)OR1~OR8 共 8 条订购单记录，并且订购单表参照客户表。如下命令可以正确执行的是_____。

    A. INSERT INTO 订购单 VALUES('OR5','C5',{^2008/10/10})

    B. INSERT INTO 订购单 VALUES('OR5','C11',{^2008/10/10})

    C. INSERT INTO 订购单 VALUES('OR9','C11',{^2008/10/10})

    D. INSERT INTO 订购单 VALUES('OR9','C5',{^2008/10/10})

二、填空题（每空 2 分，共 30 分）

请将每一个空的正确答案写在答题卡【1】～【15】序号的横线上，答在试卷上不得分。

注意：以命令关键字填空的必须拼写完整。

1. 对下列二叉树进行中序遍历的结果是 【1】 。

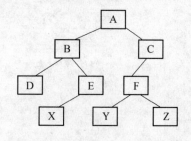

2．按照软件测试的一般步骤，集成测试应在 【2】 测试之后进行。

3．软件工程三要素包括方法、工具和过程，其中， 【3】 支持软件开发的各个环节的控制和管理。

4．数据库设计包括概念设计、 【4】 和物理设计。

5．在二维表中，元组的 【5】 不能再分成更小的数据项。

6．SELECT * FROM student 【6】 FILE student 命令将查询结果存储在 student.txt 文本文件中。

7．LEFT("12345.6789",LEN("子串"))的计算结果是【7】 。

8．不带条件的 SQL DELETE 命令将删除指定表的 【8】 记录。

9．在 SQL SELECT 语句中为了将查询结果存储到临时表中应该使用【9】短语。

10．每个数据库表可以建立多个索引，但是【10】索引只能建立 1 个。

11．在数据库中可以设计视图和查询，其中【11】不能独立存储为文件（存储在数据库中）。

12．在表单中设计一组复选框（CheckBox）控件是为了可以选择【12】个或【13】个选项。

13．为了在文本框输入时隐藏信息（如显示"*"），需要设置该控件的【14】属性。

14．将一个项目编译成一个应用程序时，如果应用程序中包含需要用户修改的文件，必须将该文件标为【15】 。

【参考答案】

一、选择题

| 1~5 | BDCAD | 6~10 | BABCD | 11~15 | DACAD | 16~20 | BBDBC |

| 21~25 | AABCA | 26~30 | DACBC | 31~35 | BDAAD |

二、填空题

1．DBXEAYFZC	6．TO	11．视图
2．单元	7．"1234 "	12．零
3．过程	8．全部	13．多
4．逻辑设计	9．INTO CURSOR	14．PASSWORDCHAR
5．分量	10．主	15．排除

2009 年 3 月全国计算机等级考试二级
VFP 笔试试题及参考答案

(考试时间 90 分钟，满分 100 分)

一、选择题(每小题 2 分，共 70 分)

下列各题 A、B、C、D 四个选项中，只有一个选项是正确的，请将正确选项涂写在答题卡相应位置上，答在试卷上不得分。

1. 下列叙述中正确的是 _____。

   A. 栈是"先进先出"的线性表

   B. 队列是"先进先出"的线性表

   C. 循环队列是非线性结构

   D. 有序性表既可以采用顺序存储结构，也可以采用链式存储结构

2. 支持子程序调用的数据结构是 _____。

   A. 栈   B. 树   C. 队列   D. 二叉树

3. 某二叉树有 5 个度为 2 的结点，则该二叉树中的叶子结点数是_____。

   A. 10   B. 8   C. 6   D. 4

4. 下列排序方法中，最坏情况下比较次数最少的是_____。

   A. 冒泡排序   B. 简单选择排序   C. 直接插入排序   D. 堆排序

5. 软件按功能可以分为：应用软件、系统软件和支撑软件（或工具软件）。下面属于应用软件的是_____。

   A. 编译软件   B. 操作系统   C. 教务管理系统   D. 汇编程序

6. 下面叙述中错误的是_____。

   A. 软件测试的目的是发现错误并改正错误

   B. 对被调试的程序进行"错误定位"是程序调试的必要步骤

   C. 程序调试通常也称为 Debug

   D. 软件测试应严格执行测试计划，排除测试的随意性

7. 耦合性和内聚性是对模块独立性度量的两个标准。下列叙述中正确的是_____。

   A. 提高耦合性降低内聚性有利于提高模块的独立性

   B. 降低耦合性提高内聚性有利于提高模块的独立性

   C. 耦合性是指一个模块内部各个元素间彼此结合的紧密程度

   D. 内聚性是指模块间互相连接的紧密程度

8. 数据库应用系统中的核心问题是_____。

   A. 数据库设计   B. 数据库系统设计

   C. 数据库维护   D. 数据库管理员培训

9. 有两个关系 R，S 如下：

	R				S	
A	B	C			A	B
a	3	2			a	3
b	0	1			b	0
c	2	1			c	2

由关系 R 通过运算得到关系 S，则所使用的运算为_____。

    A．选择   B．投影   C．插入   D．连接

10. 将 E-R 图转换为关系模式时，实体和联系都可以表示为_____。

    A．属性   B．键   C．关系   D．域

11. 数据库（DB）、数据库系统（DBS）和数据库管理系统（DBMS）三者之间的关系是_____。

    A．DBS 包括 DB 和 DBMS   B．DBMS 包括 DB 和 DBS

    C．DB 包括 DBS 和 DBMS   D．DBS 就是 DB，也就是 DBMS

12. SQL 语言的查询语句是_____。

    A．INSERT   B．UPDATE   C．DELETE   D．SELECT

13. 下列与修改表结构相关的命令是_____。

    A．INSERT   B．ALTER   C．UPDATE   D．CREATE

14. 对表 SC(学号 C(8),课程号 C(2),成绩 N(3),备注 C(20))，可以插入的记录是_____。

    A．('20080101', 'c1', '90',NULL)   B．('20080101', 'c1', 90, '成绩优秀')

    C．('20080101', 'c1', '90', '成绩优秀')   D．('20080101', 'c1', '79', '成绩优秀')

15. 在表单中为表格控件指定数据源的属性是_____。

    A．DataSource   B．DateFrom   C．RecordSource   D．RecordFrom

16. 在 Visual FoxPro 中，下列关于 SQL 表定义语句（CREATE TABLE）的说法中错误的是_____。

    A．可以定义一个新的基本表结构

    B．可以定义表中的主关键字

    C．可以定义表的域完整性、有效性规则等信息的设置

    D．对自由表，同样可以实现其完整性、有效性规则等信息的设置

17. 在 Visual FoxPro 中，若所建立索引的字段值不允许重复，并且一个表中只能创建一个，这种索引应该是_____。

    A．主索引   B．唯一索引   C．候选索引   D．普通索引

18. 在 Visual FoxPro 中，用于建立或修改程序文件的命令是_____。

    A．MODIFY<文件名>   B．MODIFY COMMAND <文件名>

    C．MODIFY PROCEDURE <文件名>   D．上面 B 和 C 都对

19. 在 Visual FoxPro 中，程序中不需要用 PUBLIC 等命令明确声明和建立，可直接使用的内存变量是_____。

    A．局部变量   B．私有变量   C．公告变量   D．全局变量

20. 以下关于空值（NULL 值）叙述正确的是_____。

    A．空值等于空字符串   B．空值等同于数值 0

    C．空值表示字段或变量还没有确定的值   D．Visual FoxPro 不支持空值

21. 执行 USE sc IN 0 命令的结果是_____。

    A．选择 0 号工作区打开 sc 表   B．选择空闲的最小号的工作区打开 sc 表

C．选择第 1 号工作区打开 sc D．显示出错信息

22．在 Visual FoxPro 中，关系数据库管理系统所管理的关系是_____。

    A．一个 DBF 文件 B．若干个二维表   C．一个 DBC 文件   D．若干个 DBC 文件

23．在 Visual FoxPro 中，下面描述正确的是_____。

    A．数据库表允许对字段设置默认值

    B．自由表允许对字段设置默认值

    C．自由表或数据库表都允许对字段设置默认值

    D．自由表或数据库表都不允许对字段设置默认值

24．SQL 的 SELECT 语句中，"HAVING<条件表达式>"用来筛选满足条件的_____。

    A．列   B．行   C．关系   D．分组

25．在 Visual FoxPro 中，假设表单上有一个选项组：O 男 O 女，初始时该选项组的 value 属性值为 1。若选项按钮"女"被选中，该选项组的 value 属性值是_____。

    A．1   B．2   C．"女"   D．"男"

26．在 Visual FoxPro 中，假设教师表 T(教师号，姓名，性别，职称，研究生导师)中，性别是 C 型字段，研究生导师是 L 型字段。若要查询"是研究生导师的女老师"信息，那么 SQL 语句"SELECT * FROM T WHERE <逻辑表达式>"中的<逻辑表达式>应是_____。

    A．研究生导师 AND 性别="女"   B．研究生导师 OR 性别="女"

    C．性别="女"AND 研究生导师=.F.   D．研究生导师=.T. OR 性别=女

27．在 Visual FoxPro 中，有如下程序，函数 IIF()返回值是_____。

```
*程序
PRIVATE X,Y
STORE "男" TO X
Y=LEN(X)+2
?IIF(Y<4, "男", "女")
RETURN
```

    A．"女"   B．"男"   C．.T.   D．.F.

28．在 Visual FoxPro 中，每一个工作区中最多能打开数据库表的数量是_____。

    A．1 个   B．2 个

    C．任意个，根据内存资源而确定   D．35535 个

29．在 Visual FoxPro 中，有关参照完整性的删除规则正确的描述是_____。

    A．如果删除规则选择的是"限制"，则当用户删除父表中的记录时，系统将自动删除子表中的所有相关记录

    B．如果删除规则选择的是"级联"，则当用户删除父表中的记录时，系统将禁止删除与子表相关的父表中的记录

    C．如果删除规则选择的是"忽略"，则当用户删除父表中的记录时，系统不负责检查子表中是否有相关记录

    D．上面三种说法都不对

30．在 Visual FoxPro 中，报表的数据源不包括_____。

    A．视图   B．自由表   C．查询   D．文本文件

31 题~35 题基于学生表 S 和学生选课表 SC 两个数据库表，它们的结构如下：

S(学号，姓名，性别，年龄)其中学号、姓名和性别为 C 型字段，年龄为 N 型字段。

SC(学号，课程号，成绩)，其中学号和课程号为 C 型字段，成绩为 N 型字段（初始为空值）。

31．查询学生选修课程成绩小于 60 分的学号，正确的 SQL 语句是_____。

    A．SELECT DISTINCT 学号 FROM SC WHERE "成绩" <60

    B．SELECT DISTINCT 学号 FROM SC WHERE 成绩 <"60"

    C．SELECT DISTINCT 学号 FROM SC WHERE 成绩 <60

    D．SELECT DISTINCT "学号" FROM SC WHERE "成绩" <60

32．查询学生表 S 的全部记录并存储于临时表文件 one 中的 SQL 命令是_____。

    A．SELECT * FROM 学生表 INTO CURSOR one

    B．SELECT * FROM 学生表 TO CURSOR one

    C．SELECT * FROM 学生表 INTO CURSOR DBF one

    D．SELECT * FROM 学生表 TO CURSOR DBF one

33．查询成绩在 70 分~85 分之间学生的学号、课程号和成绩，正确的 SQL 语句是_____。

    A．SELECT 学号,课程号,成绩 FROM sc WHERE 成绩 BETWEEN 70 AND 85

    B．SELECT 学号,课程号,成绩 FROM sc WHERE 成绩 >=70 OR 成绩 <=85

    C．SELECT 学号,课程号,成绩 FROM sc WHERE 成绩 >=70 OR <=85

    D．SELECT 学号,课程号,成绩 FROM sc WHERE 成绩 >=70 AND <=85

34．查询有选课记录，但没有考试成绩的学生的学号和课程号，正确的 SQL 语句是_____。

    A．SELECT 学号,课程号 FROM sc WHERE 成绩 = " "

    B．SELECT 学号,课程号 FROM sc WHERE 成绩 = NULL

    C．SELECT 学号,课程号 FROM sc WHERE 成绩 IS NULL

    D．SELECT 学号,课程号 FROM sc WHERE 成绩

35．查询选修 C2 课程号的学生姓名，下列 SQL 语句中错误的是_____。

    A．SELECT 姓名 FROM S WHERE EXISTS;

    (SELECT * FROM SC WHERE 学号=S.学号 AND 课程号= 'C2')

    B．SELECT 姓名 FROM S WHERE 学号 IN;

    (SELECT * FROM SC WHERE 课程号= 'C2')

    C．SELECT 姓名 FROM S JOIN ON S.学号=SC.学号 WHERE 课程号= 'C2'

    D．SELECT 姓名 FROM S WHERE 学号=;

    (SELECT * FROM SC WHERE 课程号= 'C2')

二、填空题（每空 2 分，共 30 分）

请将每一空的正确答案写在答题纸上【1】～【15】序号的横线上，答在试卷上不得分。

注意：以命令关键字填空的必须写完整。

1．假设一个长度为 50 的数组（数组元素的下标从 0 到 49）作为栈的存储空间，栈底指针 bottom 指向栈底元素，栈顶指针 top 指向栈顶元素，如果 bottom=49，top=30（数组下标），则栈中具有 【1】 个元素。

2．软件测试可分为白盒测试和黑盒测试。基本路径测试属于 【2】 测试。

3．符合结构化原则的三种基本控制结构是：选择结构、循环结构和 【3】 。

4．数据库系统的核心是 【4】 。

5．在 E-R 图中，图形包括矩形框、菱形框、椭圆框。其中表示实体联系的是 【5】 框。

6．所谓自由表就是那些不属于任何 【6】 的表。

7．常量{^2009-10-01,15:30:00}的数据类型是 【7】 。

8. 利用 SQL 语句的定义功能建立一个课程表，并且为课程号建立主索引，语句格式为
CREATE TABLE 课程表(课程号 C(5) 【8】 ，课程名 C(30))

9. 在 Visual FoxPro 中，程序文件的扩展名是【9】 。

10. 在 Visual FoxPro 中，SEELCT 语句能够实现投影、选择和【10】三种专门的关系运算。

11. 在 Visual FoxPro 中，LOCATE ALL 命令按条件对某个表中的记录进行查找，若查找不到满足条件的记录，函数 EOF()的返回值应是【11】 。

12. 在 Visual FoxPro 中，设有一个学生表 Student，其中有学号、姓名、年龄、性别等字段，用户可以用命令" 【12】 年龄 WITH 年龄+1"将表中所有学生的年龄增加一岁。

13. 在 Visual FoxPro 中，有如下程序

```
*程序名：TEST.PRG
SET TALK OFF
PRIVATE X,Y
X= "数据库"
Y= "管理系统"
DO sub1
?X+Y
RETURN
*子程序：sub1
LOCAL X
X= "应用"
Y= "系统"
X= X+Y
RETURN
```

执行命令 DO TEST 后，屏幕显示的结果应是【13】 。

14. 使用 SQL 语言的 SELECT 语句进行分组查询时，如果希望去掉不满足条件的分组，应当在 GROUP BY 中使用【14】子句。

15. 设有 SC(学号，课程号，成绩)表，下面 SQL 的 SELECT 语句检索成绩高于或等于平均成绩的学生的学号。

```
SELECT 学号 FROM sc;
WHERE 成绩>=(SELECT 【15】 FROM sc)
```

【参考答案】

一、选择题

| 1~5 | DDCDC | 6~10 | ABAAC | 11~15 | ADBBC | 16~20 | DABBC |
| 21~25 | BBADB | 26~30 | AAACD | 31~35 | CAACD |

二、填空题

1. 20
2. 白盒
3. 顺序结构
4. 数据库管理系统
5. 菱形
6. 数据库
7. 日期时间型
8. primary key
9. .prg
10. 联接
11. .T.
12. Replace all
13. 数据库系统
14. Having
15. avg(成绩)

2009 年 9 月全国计算机等级考试二级
VFP 笔试试题及参考答案

(考试时间 90 分钟，满分 100 分)

一、选择题(每小题 2 分，共 70 分)

下列各题 A、B、C、D 四个选项中，只有一个选项是正确的，请将正确选项涂写在答题卡相应位置上，答在试卷上不得分。

1. 下列数据结构中，属于非线性结构的是_____。

   A. 循环队列　　　　　B. 带链队列　　　　　C. 二叉树　　　　　D. 带链栈

2. 下列数据结构中，能够按照"先进后出"原则存取数据的是_____。

   A. 循环队列　　　　　B. 栈　　　　　C. 队列　　　　　D. 二叉树

3. 对于循环队列,下列叙述中正确的是 _____。

   A. 队头指针是固定不变的

   B. 队头指针一定大于队尾指针

   C. 队头指针一定小于队尾指针

   D. 队头指针可以大于队尾指针，也可以小于队尾指针

4. 算法的空间复杂度是指 _____。

   A. 算法在执行过程中所需要的计算机存储空间

   B. 算法所处理的数据量

   C. 算法程序中的语句或指令条数

   D. 算法在执行过程中所需要的临时工作单元数

5. 软件设计中划分模块的一个准则是 _____。

   A. 低内聚低耦合　　　　　　　　　　B. 高内聚低耦合

   C. 低内聚高耦合　　　　　　　　　　D. 高内聚高耦合

6. 下列选项中不属于结构化程序设计原则的是 _____。

   A. 可封装　　　　　B. 自顶向下　　　　　C. 模块化　　　　　D. 逐步求精

7. 软件详细设计产生的图如下。

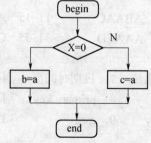

该图是_____。

    A．N-S 图   B．PAD 图   C．程序流程图   D．E-R 图

8．数据库管理系统是_____。

    A．操作系统的一部分   B．在操作系统支持下的系统软件

    C．一种编译系统   D．一种操作系统

9．在 E-R 图中，用来表示实体联系的图形是_____。

    A．椭圆形   B．矩形   C．菱形   D．三角形

10．有三个关系 R,S,T 如下：

R

A	B	C
a	1	2
b	2	1
c	3	1

S

A	B	C
d	3	2

T

A	B	C
a	1	2
b	2	1
c	3	1
d	3	2

其中关系 T 由关系 R 和 S 通过某种操作得到，该操作称为_____。

    A．选择   B．投影   C．交   D．并

11．设置文本框显示内容的属性是_____。

    A．VALUE   B．CAPTION   C．NAME   D．INPUTMASK

12．语句 LIST MEMORY LIKE a*能够显示的变量不包括_____。

    A．a   B．a1   C．ab2   D．ba3

13．计算结果不是字符串"Teacher"的语句是_____。

    A．at("MyTecaher",3,7)   B．substr("MyTecaher",3,7)

    C．right("MyTecaher",7)   D．left("Tecaher",7)

14．学生表中有学号，姓名和年龄三个字段，SQL 语句"SELECT 学号 FROM 学生"完成的操作称为_____。

    A．选择   B．投影   C．联接   D．并

15．报表的数据源不包括_____。

    A．视图   B．自由表   C．数据库表   D．文本文件

16．使用索引的主要目的是_____。

    A．提高查询速度   B．节省存储空间   C．防止数据丢失   D．方便管理

17．表单文件的扩展名是_____。

    A．frm   B．prg   C．scx   D．vcx

18. 下列程序段执行时在屏幕上显示的结果是 _____。

```
DIME A(6)
A(1)=1
A(2)=1
FOR I=3 TO 6
 A(I)=A(I-1)+A(I-2)
NEXT
?A(6)
```

    A. 5   B. 6   C. 7   D. 8

19. 下列程序段执行时在屏幕上显示的结果是 _____。

```
X1=20
X2=30
SET UDFPARMS TO VALUE
DO test With X1,X2
?X1,X2
PROCEDURE test
PARAMETERS a,b
x=a
a=b
b=x
ENDPRO
```

    A. 30 30   B. 30 20   C. 20 20   D. 20 30

20. 以下关于"查询"的正确描述是 _____。

    A. 查询文件的扩展名为 PRG   B. 查询保存在数据库文件中
    C. 查询保存在表文件中   D. 查询保存在查询文件中

21. 以下关于"视图"的正确描述是 _____。

    A. 视图独立于表文件   B. 视图不可更新
    C. 视图只能从一个表派生出来   D. 视图可以删除

22. 为了隐藏在文本框中输入的信息，用占位符代替显示用户输入的字符，需要设置的属性是 _____。

    A. Value   B. ControlSource   C. InputMask   D. PasswordChar

23. 假设某表单的 Visible 属性的初值是.F.，能将其设置为.T.的方法是 _____。

    A. Hide   B. Show   C. Release   D. SetFocus

24. 在数据库中建立表的命令是 _____。

    A. CREATE   B. CREATE DATABASE
    C. CREATE QUERY   D. CREATE FORM

25. 让隐藏的 MeForm 表单显示在屏幕上的命令是 _____。

    A. MeForm.Display   B. MeForm.Show
    C. Meform.List   D. MeForm.See

26. 在表设计器的字段选项卡中，字段有效性的设置中不包括 _____。

    A. 规则   B. 信息   C. 默认值   D. 标题

27. 若 SQL 语句中的 ORDER BY 短语指定了多个字段，则 _____ 。

    A. 依次按自右至左的字段顺序排序   B. 只按第一个字段排序

    C. 依次按自左至右的字段顺序排序   C. 无法排序

28. 在 Visual FoxPro 中，下面关于属性、方法和事件的叙述错误的是 _____ 。

    A. 属性用于描述对象的状态，方法用于表示对象的行为

    B. 基于同一个类产生的两个对象可以分别设置自己的属性值

    C. 事件代码也可以像方法一样被显示调用

    D. 在创建一个表单时，可以添加新的属性、方法和事件

29. 下列函数返回类型为数值型的是 _____ 。

    A. STR   B. VAL   C. DTOC   D. TTOC

30. 与"SELECT * FROM 教师表 INTO DBF A"等价的语句是 _____ 。

    A. SELECT * FROM 教师表 TO DBF A

    B. SELECT * FROM 教师表 TO TABLE A

    C. SELECT * FROM 教师表 INTO TABLE A

    D. SELECT * FROM 教师表 INTO A

31. 查询"教师表"的全部记录并存储于临时文件 one.dbf _____ 。

    A. SELECT * FROM 教师表 INTO CURSOR one

    B. SELECT * FROM 教师表 TO CURSOR one

    C. SELECT * FROM 教师表 INTO CURSOR DBF one

    D. SELECT * FROM 教师表 TO CURSOR DBF one

32. "教师表"中有"职工号"、"姓名"和"工龄"字段，其中"职工号"为主关键字，建立"教师表"的 SQL 命令是 _____ 。

    A. CREATE TABLE 教师表（职工号 C(10) PRIMARY, 姓名 C(20)，工龄 I）

    B. CREATE TABLE 教师表（职工号 C(10) FOREIGN, 姓名 C(20)，工龄 I）

    C. CREATE TABLE 教师表（职工号 C(10) FOREIGN KEY , 姓名 C(20)，工龄 I）

    D. CREATE TABLE 教师表（职工号 C(10) PRIMARY KEY , 姓名 C(20)，工龄 I）

33. 创建一个名为 student 的新类，保存新类的类库名称是 mylib,新类的父类是 Person,正确的命令是 _____ 。

    A. CREATE CLASS MYLIB OF STUDENT AS PERSON

    B. CREATE CLASS STUDENT OF PERSON AS MYLIB

    C. CREATE CLASS STUDENT OF MYLIB AS PERSON

    D. CREATE CLASS PERSON OF MYLIB AS STUDENT

34. "教师表"中有"职工号"、"姓名"、"工龄"和"系号"等字段，"学院表"中有"系名"和"系号"等字段。计算"计算机"系老师总数的命令是 _____ 。

    A. SELECT COUNT（*） FROM 老师表 INNER JOIN 学院表；

        ON 教师表.系号=学院表.系号 WHERE 系名="计算机"

    B. SELECT COUNT（*） FROM 老师表 INNER JOIN 学院表；

        ON 教师表.系号=学院表.系号 ORDER BY 教师表.系号；

        HAVING 学院表.系名=" 计算机"

    C. SELECT COUNT（*） FROM 老师表 INNER JOIN 学院表；

        ON 教师表.系号=学院表.系号 GROUP BY 教师表.系号；

HAVING 学院表.系名=" 计算机"

    D. SELECT SUM（*） FROM 老师表 INNER JOIN 学院表；

        ON 教师表.系号=学院表.系号 ORDER BY 教师表.系号；

    HAVING 学院表.系名=" 计算机"

35. "教师表"中有"职工号"、"姓名"、"工龄"和"系号"等字段，"学院表"中有"系名"和"系号"等字段。求教师总数最多的系的教师人数，正确的命令是 _____。

    A. SELECT 教师表.系号，COUNT（*）AS 人数 FROM 教师表，学院表；

        GROUP BY 教师表.系号 INTO DBF TEMP SELECT MAX（人数）FROM TEMP

    B. SELECT 教师表.系号，COUNT（*）FROM 教师表，学院表；

        WHERE 教师表.系号=学院表.系号 GROUP BY 教师表.系号 INTO DBF TEMP

    SELECT MAX（人数）FROM TEMP

    C. SELECT 教师表.系号，COUNT（*）AS 人数 FROM 教师表，学院表；

        WHERE 教师表.系号=学院表.系号 GROUP BY 教师表.系号 TO FILE TEMP

    SELECT MAX（人数）FROM TEMP

    D. SELECT 教师表.系号，COUNT（*）AS 人数 FROM 教师表，学院表；

        WHERE 教师表.系号=学院表.系号 GROUP BY 教师表.系号 INTO DBF TEMP

    SELECT MAX（人数）FROM TEMP

二、填空题（每空 2 分，共 30 分）

请将每一空的正确答案写在答题纸上【1】～【15】序号的横线上，答在试卷上不得分。

注意：以命令关键字填空的必须写完整。

1. 某二叉树有 5 个度为 2 的节点以及 3 个度为 1 的节点，则该二叉树中共有 【1】 个节点。

2. 程序流程图的菱形框表示的是 【2】 。

3. 软件开发过程主要分为需求分析、设计、编码与测试四个阶段，其中【3】 阶段产生"软件需求规格说明书"。

4. 在数据库技术中，实体集之间的联系可以是一对一或一对多或多对多的，那么"学生"和"可选课程"的联系为 【4】 。

5. 人员基本信息一般包括身份证号，姓名，性别，年龄等，其中可以作为主关键字的是 【5】 。

6. 命令按钮的 Cancel 属性的默认值是 【6】 。

7. 在关系操作中，从表中取出满足条件的元组的操作称做 【7】 。

8. 在 Visual FoxPro 中，表示时间 2009 年 3 月 3 日的常量应写为 【8】 。

9. 在 Visual FoxPro 中的"参照完整性"中，"插入规则"包括的选择是"限制"和 【9】 。

10. 删除视图 MyView 的命令是 【10】 。

11. 查询设计器中的"分组依据"选项卡与 SQL 语句的 【11】 短语对应。

12. 项目管理器的数据选项卡用于显示和管理数据库、查询、视图和 【12】 。

13. 可以使编辑框的内容处于只读状态的两个属性是 ReadOnly 和 【13】 。

14. "成绩"表中"总分"字段增加有效性规则："总分必须大于等于 0 并且小于等于 750"，正确的 SQL 语句是：

【14】 TABLE 成绩 ALTER 总分【15】 总分>=0 AND 总分<=750

【参考答案】

一、选择题

1~5　CBDAB　　　6~10　ACBCD　　　11~15　ADABD　　　16~20　ACDBD

21~25　DDBAB　　26~30　DCDBC　　31~35　ADCAD

二、填空题

1．14

2．逻辑条件

3．需求分析

4．多对多

5．身份证号

6．.F.

7．选择

8．{^2009-03-03}

9．忽略

10．drop view myview

11．group by

12．自由表

13．enabled

14．alter

15．check

参 考 文 献

[1] 全国高等院校计算机基础教育研究. 全国高等院校计算机基础教育研究会 2008 年会学术论文集. 北京：清华大学出版社，2008.

[2] 中国高等院校计算机基础教育改革. 中国高等院校计算机基础教育课程体系. 北京：清华大学出版社，2008.

[3] 教育部高等学校计算机科学. 关于进一步加强高等学校计算机基础教学的意见. 北京：高等教育出版社，2006.

[4] 李雁翎，戈兴炜，陈光. Visual FoxPro 实验指导、习题集与系统开发案例.3 版. 北京：高等教育出版社，2009.

[5] 姜桂洪，商鹏. Visual FoxPro 数据库基础教程实践与题解. 北京：清华大学出版社，2009.

[6] 刘建平. Visual FoxPro 程序设计实验与实训指导. 北京：清华大学出版社，2009.

[7] 唐光海. Visual FoxPro 程序设计实践指导与习题集. 北京：电子工业出版社，2009.

[8] 王世伟. Visual FoxPro 程序设计上机指导与习题集. 北京：中国铁道出版社，2009.

[9] 朱文球，袁晓红，袁九惕. Visual FoxPro 程序设计上机指导与习题汇编.3 版. 长沙：湖南教育出版社，2008.

[10] 何振林，张选芳. Visual FoxPro 程序设计实验指导教程. 北京：高等教育出版社，2008.

[11] 詹斌. Visual FoxPro 课程设计案例精编. 北京：北京邮电大学出版社，2008.

[12] 刘容，杜小丹. Visual FoxPro 程序设计上机实验及习题集. 北京：高等教育出版社，2007.

[13] 刘卫国. Visual FoxPro 程序设计上机指导与习题选解.2 版. 北京：北京邮电大学出版社，2007.

[14] 廖明潮，李禹生. Visual FoxPro 数据库应用系统设计实训指导. 北京：高等教育出版社，2006.

[15] 王永国. Visual FoxPro 程序设计实训与考试指导. 北京：高等教育出版社，2006.

[16] 朱清扬. Visual FoxPro 数据库程序设计习题解答与上机指导. 北京：中国铁道出版社，2005.

[17] 郭云飞. Visual FoxPro 6.0 程序设计上机指导与习题选解. 北京：北京邮电大学出版社，2005.

[18] 李淑华. Visual FoxPro 程序设计实训与考试指导. 北京：高等教育出版社，2004.

[19] 戴仕明. Visual FoxPro 程序设计（等级考试版）. 北京：清华大学出版社，2009.

[20] 全国计算机等级考试新大纲命题研. 二级 Visual FoxPro. 北京：清华大学出版社，2009.

[21] 全国计算机等级考试命题研究中心. 全国计算机等级考试上机考试题库——二级 Visual FoxPro. 北京：电子工业出版社，2009.